面向"十二五"全国职业院校土建类专业规划教材

建筑工程测量

张晓翘　李福志　主　编

中央广播电视大学出版社

北　京

图书在版编目（CIP）数据

建筑工程测量 / 张晓翘，李福志主编. —北京：中
央广播电视大学出版社，2012.6
面向"十二五"全国职业院校土建类专业规划教材
ISBN 978-7-304-05559-2

Ⅰ. ①建… Ⅱ. ①张… ②李… Ⅲ. ①建筑测量—
高等职业教育—教材 Ⅳ. ①TU198

中国版本图书馆 CIP 数据核字（2012）第 092712 号

面向"十二五"全国职业院校土建类专业规划教材
建筑工程测量
张晓翘　李福志　主编

出版·发行：中央广播电视大学出版社
电话：营销中心 010-58840200　　总编室 010-68182524
网址：http://www.crtvup.com.cn
地址：北京市海淀区西四环中路 45 号
邮编：100039
经销：新华书店北京发行所

策划编辑：苏　醒　　　　　　　责任编辑：谷春林
印刷：北京云浩印刷有限责任公司　印数：0001～3000
版本：2012 年 12 月第 1 版　　　2012 年 12 月第 1 次印刷
开本：787×1092　　1/16　　　　印张：13.5　字数：320 千字

书号：ISBN 978-7-304-05559-2
定价：30.00 元

前　言

　　本书是面向"十二五"全国职业院校土建类专业规划教材，是建筑工程测量课程多种媒体教材中的主教材。本书根据最新制定的"建筑工程测量"教学大纲和多种媒体一体化设计方案编写。

　　本书主要介绍建筑工程施工与管理专业人才所必需的测量基本理论、基本知识、基本方法和基本操作技能。全书将测量基础理论和应用技术实践相结合，重点突出测量在建筑工程施工中的应用和操作技能的训练，在介绍传统测量仪器、测量技术的同时，也适当介绍现代测量的新仪器和新技术及其在建筑工程施工中的应用。

　　本书共分为三大部分，第一部分是建筑工程测量基础篇，包括项目一，主要介绍了测量的基本知识；第二部分是建筑工程测量提高篇，包括项目二、项目三、项目四、项目五、项目六，主要介绍了水准测量、角度测量、距离测量、测量误差及其处理、小区域的控制测量等内容；第三部分是建筑工程测量应用篇，包括项目七、项目八，主要介绍了大比例尺地形图的测绘和施工测量的基本工作。

　　为了满足建筑施工与管理专业人才培养目标和专业人才的实际需要，本着应用为主、够用为度的原则，本书将测量基础理论和应用技术实践相结合，重点突出测量在建筑工程施工中的应用和操作技能的培养；在介绍传统测量仪器、测量技术的同时，也适当介绍现代测量的新仪器和新技术及其在建筑工程施工中的应用；在每个项目开头都设有任务目标和情景导入，每个项目结尾设有项目小结和课后训练等栏目，以便于学生学习。

本书由张晓翘，李福志任主编；张汉松（东北农业大学），李纲任副主编；另外参加编写的人员还有：张甲子（哈尔滨铁道职业技术学院）、刘东娜（哈尔滨铁道职业技术学院）。具体分工为：项目一、项目二由张晓翘编写，项目六由李福志编写，项目四、项目五由张汉松编写，项目七、项目八由张甲子编写，项目三由刘东娜编写。全书由李纲统稿，李福志审定。

由于编者水平所限，书中疏漏、错误和不足之处在所难免，恳请广大师生和读者批评指正。

编　者

2012 年 5 月

目 录

CONTENTS

第一部分　建筑工程测量基础篇

项目一　测量基本知识

第二部分　建筑工程测量提高篇

项目二　水准测量

项目三　角度测量

第三部分　建筑工程测量应用篇

项目七　大比例尺地形图的测绘和应用

项目八　施工测量的基本工作

第一部分

建筑工程测量基础篇

项目一　测量基本知识

任务目标

了解测量的任务、作用及本课程的主要内容、学习目的和要求，同时学习有关测量的基本知识，包括如何确定地面点的位置，如何进行直线定向和坐标推算以及学习测量的基本工作和原则。

情景导入

小李刚刚大学毕业，在一家建筑设计公司从事测绘工作，2012 年 3 月，工程部经理为了测试他的专业知识是否扎实，要求小李对一工地地形进行测量，并提出以下要求：

该工程地面点的平面位置如何确定？高斯平面直角坐标系是如何建立的？工程上常用的独立平面直角坐标系是如何定义的？测量上的直角坐标系和数学上的直角坐标系有何区别（包括坐标轴的定义和象限的编号）？为何会有这样的区别？

任务一　测量的任务、作用和本课程的学习要求

一、测量的任务

测量是研究地球的形状和大小、确定地球表面各种自然和人工物体的形态及其变化、对各种地物和地貌的空间位置与属性等信息进行采集、处理、描绘和管理的一门科学与技术。

测量的传统任务主要包括两个方面，一为测绘地形图，二为施工放样。此外，为各种工程建设进行安全监测也是测量的重要任务之一。

所谓测绘地形图，就是将局部地区的地物、地貌信息依据一定的理论和方法测绘成各种比例尺的地形图，以满足工程勘察规划和设计的需要；所谓施工放样，就是将设计图纸上的建筑物或构筑物的空间位置在实地测设出来，以便于施工；而工程监测，则是通过精确测定建筑物、构筑物的沉降、倾斜或水平位移，分析其形状的变化，以保证施工和运营的安全。

二、测量在工程建设中的作用

测量在各种工程建设中的应用十分广泛，无论是大型厂房、民用建筑，还是道路桥梁、水利工程，不管是矿山开采、地铁建设，还是城市规划、环境治理，其勘察、规划、设计的各个阶段都离不开测量提供的各种比例尺的地形图；而施工阶段则需要通过测量进行放样，以作为施工的依据；施工完毕，还需测绘竣工图，为工程提供完整的竣工资料；而无论施工阶段还是工程建成后的运营阶段，其沉降、倾斜、位移等变形监测在工程的安全施工和运营中同样起着必不可少的作用。由此可见，测量工作贯穿于工程建设的全过程，对工程建设的各个阶段均起着重要的保障作用。

三、测量的发展简介

测量是一门古老而又年轻的学科。之所以说其古老，是因为由于生产和生活的需要，人类社会自古代起就开始了原始的测量工作，例如，公元前 21 世纪的夏禹治水、埃及尼罗河泛滥后的农田整治等，均应用了简单的测量技术；之所以说其年轻，是因为近年来，现代科学技术如电子学、信息学、空间科学和计算机技术的迅猛发展，给测量科学技术的进步带来极大的推动作用。传统的光学仪器逐步被电子仪器所取代，全站仪的使用和计算机的推广应用显著改善了测量的外业和内业；自 20 世纪 70 年代开始建立的全球卫星定位系统则给测量工作带来了革命性的变化，由全球定位技术（GPS）、遥感技术（RS）和地理信息系统技术（GIS）组成的 3S 技术更将测量成果提供的基础信息与各种带有空间特征的地理信息相结合，使地理信息系统的普遍推广和"数字地球"的建立应用即将成为现实，从而为测量科学和计算机应用技术的发展提供了更加广阔的前景。

四、"建筑测量"课程的主要内容、学习目的和要求

测量的理论与实践是工科学生必须掌握的基础知识和专业技能之一，因此，"建筑测量"是建筑施工、道桥施工、水利施工等所有工科非测量专业的一门技术基础课。

本课程的主要内容包括测量的基本知识，常用测量仪器即水准仪和经纬仪的组成与使用，3 种基本测量工作即高程测量（重点是水准测量）、角度测量和距离测量的作业技能，小区域控制测量的建立，地形图的测绘和应用，以及一般工程常用的施工放样方法等。通过本课程的学习，学生应掌握普通测量的基本理论、基本知识和基本技能，能够在专业工作中正确应用地形图、使用测量仪器和常用方法进行一般工程的施工放样与安全监测，同时对小区域大比例尺地形图的测绘，电子测角、光电测距的全站仪原理和使用及 GPS 测量的原理和方法等有所了解。

测量是一门理论和实践并重的学科，唯有通过必要的试验环节和操作训练，才能更好地理解和掌握有关的理论知识和作业技能。因此对课堂讲授、试验教学以及随后的测量教学实训都应予以同样的重视。

测量工作的顺利完成不仅需要一定的理论知识和作业技能，还必须具有高度的责任感、认真的作业态度、不怕艰苦的工作作风和良好的团队精神，这些在课程学习的同时都需要不断加以培养。

任务二　地面点位的确定

无论是地物、地貌，还是设计图纸上的建筑物、构筑物，都有各种几何形状。几何形状有点、线、面之分，但都可归结为点。因此，无论是测绘地形图还是施工放样，究其实质都是测定（或测设）地面上一系列点的空间位置。本任务首先介绍关于地球形状和大小的概念，然后讨论测量工作中表示地面点的空间位置时所常用的坐标系统和高程系统。

一、地球的形状和大小

（一）水准面和大地水准面

地球的表面高低起伏，十分复杂，如世界屋脊珠穆朗玛峰高达 8 844.43 米，太平洋水底的马里亚纳海沟，却深达 11 022 米。为了描述地球的形状和大小，高斯首先提出了水准面和大地水准面的概念。所谓水准面，是指假想处于静止状态的海水面延伸穿过陆地和岛屿，将地球包围起来的封闭曲面（图 1-1）。由于受风浪和潮汐的影响，海水面的高度不断变化，即有无数个水准面。所谓大地水准面，是指通过平均海水面的水准面。因而，大地水准面具有唯一性。大地水准面所包围的球体则称为大地体。

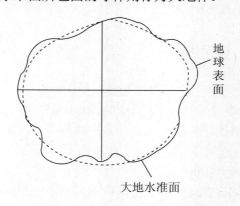

地球表面

大地水准面

图 1-1　地球表面与大地水准面

水准面和大地水准面具有共同的特性，即处处与铅垂线方向相垂直。所谓铅垂线方向也就是地球重力的方向；重力即地球自转的离心力和地心引力的合力。而重力的方向取决于地面的纬度和地壳内部物质的质量，纬度不同或地壳内部物质质量的变化均会引起不同地点重力方向的改变。因而大地水准面实际上是一个物理面，其形状是不规则的，难以建立一定的数学模型。这样一来，用大地体来描述地球的形状和大小就有其局限性。

（二）地球椭球

科学家们研究发现，尽管大地体不规则，但可用一个形状相似的椭球体来替代（图 1-2）。所谓椭球体就是用一椭圆面绕其短轴旋转而成的形体，它不仅与大地体形状大小很接近，而且其面为数学面，可以建立相应的数学模型。因而用它描述地球的形状和大小，更能满足科学研究和工程计算的需要。这样的椭球体即为地球椭球。

地球椭球的形状和大小至少需要以下 3 个基本参数来确定：

椭球长半轴 a

椭球短半轴 b

椭球扁率 $\alpha = \dfrac{a-b}{a}$

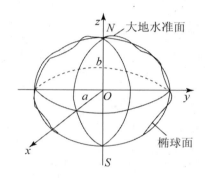

图1-2　大地水准面与地球椭球

其中 a，b 用于表示地球的大小，α 用于表示地球的形状，具体数值可用天文大地测量、重力测量或卫星大地测量等方法来测定。世界上很多国家的学者经过长期的努力，采用本国大量的测量成果，推算出了各自的椭球基本参数。20 世纪以来世界各国的部分地球椭球参数如表 1-1 所示。

表1-1　地球椭球参数

学者	长半轴 a/m	短半轴 b/m	扁率 α	推算年代和国家
海福特	6 378 388	6 356 912	1:297.0	1909 年美国
克拉索夫斯基	6 378 245	6 356 863	1:298.3	1940 年前苏联
IUGG—75	6 378 140	6 356 755.3	1:298.257	1975 年 IUGG
中国	6 378 143	6 356 758	1:298.255	1978 年中国
WGS—84	6 378 137		1:298.257 223 563	1984 年美国

注：IUGG 为国际大地测量与地球物理联合会的英文缩写。

以往，地球椭球常被称为参考椭球，正是因为各国推算的基本参数都是基于本国或局部的测量成果，往往对本国更为适用，而对别的国家仅有参考价值。1979 年 IUGG 综合世界上多个国家的测量成果得出的 IUGG—75 椭球更加精确，适合大多数国家推广使用，因而被称为总地球椭球。

在地理学或测量学中，当研究问题的精度要求不高时，往往可以将地球视为圆球，其半径采用地球曲率半径的平均值，为 6 371 千米。

（三）椭球定位

地球椭球选定以后，还需要合理确定椭球体与大地体的相关位置，这就是椭球定位。最简单的椭球定位为单点定位，即将所选择的地面点 p 沿铅垂线投影到大地水准面上 p' 点，使椭球面与大地水准面在 p' 点相切，过 p' 点的铅垂线与椭球的法线相重合（图 1-3）。之后再采用多点定位，根据更多地区的天文重力测量成果对单点定位的结果进行修正，从而使得大地体与椭球体在更大范围内取得相互密合的最佳效果。大地水准面和铅垂线是大地测量作业的基准面和基准线，而经过椭球定位后的参考椭球面和椭球面的法线则是大地测量计算的基准面和基准线。在椭球定位的基础上即可建立大地测量的坐标系，其原点称为大地原点。

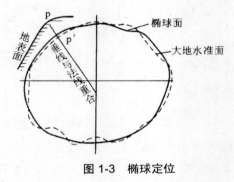

图 1-3　椭球定位

我国解放后采用克拉索夫斯基椭球，建立了 1954 年北京坐标系，其原点位于前苏联普尔科沃（现俄罗斯境内）；1980 年重新采用 IUGG—75 椭球，建立了 1980 年西安坐标系，其原点位于陕西省泾阳县永乐镇。

二、坐标系统

测量工作的本质就是确定地面点的空间位置。地面点的空间位置可用其三维坐标表示，其中二维是球面或平面坐标。在不同的测量工作中需要采用不同的坐标系统。

（一）大地坐标系

大地坐标系是以参考椭球面及其法线为依据建立的坐标系，地面点在椭球面上的坐标用大地经度和大地纬度表示。

如图 1-4 所示，将地面某点沿椭球法线投影到椭球面上 P 点，过 P 点的子午面与过英国格林尼治天文台的起始子午面之间的二面角 L 为 P 点的大地经度，简称经度，由起始子午面向东的经度称为东经，由起始子午面向西的经度称为西经，取值范围均为 $0°\sim180°$；过 P 点的椭球法线与赤道面的交角 B 为 P 点的大地纬度，简称纬度，由赤道面向北的纬度称为北纬，由赤道面向南的纬度称为南纬，取值范围均为 $0°\sim90°$。使用时，通常在东经和北纬的值前冠以"＋"号，在西经和南纬的值前冠以"－"号，以示区别。

大地坐标系又可分为参心坐标系和地心坐标系。参心坐标系是利用参考椭球建立的坐标系，坐标原点为参考椭球的几何中心，如我国的 1954 年北京坐标系和 1980 年西安坐标系；地心坐标系是利用总地球椭球建立的坐标系，坐标原点为地球的质心，如美国 1984 年推出的 WGS—84 坐标系统。

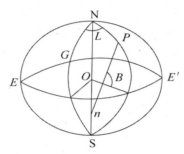

图1-4　大地坐标系

（二）高斯平面直角坐标系

在地形图测绘和工程建设的勘察、规划、设计和施工中，所用图纸一般都是绘在平面上的，数据运算一般也是在平面上进行的，这比直接在椭球面上绘图和运算要方便很多，因而有必要将椭球面上的点位和图形投影到平面上，并用平面直角坐标来表示。将球面上的图形投影到平面上需要应用地图投影的理论，地图投影的实质在于控制投影时必然会产生的变形。不同的地图投影模型，其差别主要在于控制变形的种类和方法的不同。高斯平面直角坐标系采用的是高斯投影，而高斯投影属于等角投影，即局部范围内投影前后的角度保持不变；又称正形投影，也就是局部范围内投影前后的形状保持相似。

高斯投影实际上是一种横轴椭圆柱投影，即设想用一个椭圆柱套住地球椭球体，使椭圆柱的中轴横向通过椭球体的中心，将椭球面上的点位和图形投影到椭圆柱的面上，然后将椭圆柱沿通过南、北极的母线展开成平面，即得到高斯投影平面如图 1-5（a）所示。在此平面上，椭球体和椭圆柱相切的一条子午线和赤道的投影为两条相互正交的直线，即构成高斯平面直角坐标系。该子午线称为中央子午线，其投影为直角坐标系的纵轴，赤道的投影则为直角坐标系的横轴。只有中央子午线投影后的长度保持不变，而其他的图形投影后均会发生变形，且离开中央子午线越远，变形越大，如图 1-5（b）所示。

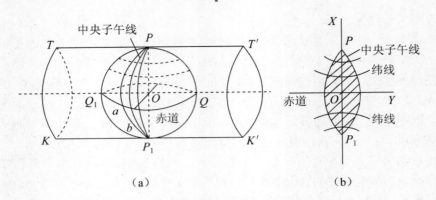

（a）　　　　　　　　　　　（b）

图1-5　高斯投影

为了将这种变形限制在一定的容许范围以内，高斯采用了分带投影的方法，即将地球椭球体在椭圆柱内按一定的经度区间（经差）进行旋转，每旋转一次就构成一个狭长的投影带，每个投影带内椭球体和椭圆柱面相切的子午线就是该带的中央子午线。投影带的经差为6°的简称为六度带，自格林尼治天文台的起始子午线起，共分60带，编号为1～60（图1-6）。各带中央子午线的经度 L_0 可用式（1-1）计算：

$$L_0 = 6° \times N - 3° \tag{1-1}$$

式中 N 为六度带带号。

若已知某点的大地经度 L，则可用式（1-2）计算该点所在的六度带带号：

$$N = \frac{L}{6}（取整数）+ 1 \tag{1-2}$$

投影带的经差为3°的简称为三度带，自东经1.5°始，共分120带，编号为1～120（图1-6）。各带中央子午线的经度可按式（1-3）算得：

$$L_0 = 3° \times N \tag{1-3}$$

式中 N 为三度带带号。

若已知某点的大地经度 L，则按式（1-4）计算该点所在的三度带带号：

$$N = \frac{L-1.5}{3}（取整数）+ 1 \tag{1-4}$$

我国幅员辽阔，西起东经74°，东至东经135°，共跨11个六度带，21个三度带。由于我国领土全部位于赤道以北，因此，所有投影带内的 X 坐标均为正值，而 Y 值在同一投影带内有正有负，如图1-7（a）所示。为此，将每个投影带的坐标纵轴西移500千米，使所有 Y 坐标均为正值，同时在 Y 坐标前冠以带号，以利于使用。设六度带内有 A，B 两点，如图1-7（b）所示，Y_A=18 537 680.423m，Y_B=20 438 270.568m，即表示 A 点位于六度带第18带中央子午线以东537 680.423m-500 000m=37 680.423m，B 点位于六度带第20带中央子午线以西500 000m－438 270.568m＝61 729.432m。

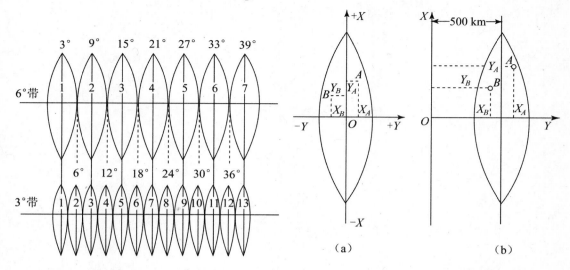

图1-6　高斯投影六度带和三度带的分带方法　　　图1-7　高斯平面直角坐标示意图

（三）独立平面直角坐标系

当地形图测绘或施工测量的面积较小时，可将测区范围内的椭球面或水准面用水平面来代替，在此水平面上设一坐标原点，以过原点的南北方向为纵轴（向北为正，向南为负），东西方向为横轴（向东为正，向西为负），建立独立的平面直角坐标系，如图1-8所示，测区内的所有点均沿铅垂线投影到这一水平面上，任一点的平面位置即可以其坐标值（X, Y）表示。如果坐标原点设在测区的西南角，则测区内所有点的坐标均为正值。

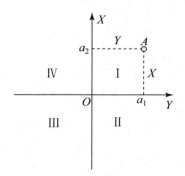

图1-8　独立平面直角坐标示意图

由图1-7和图1-8可见，无论是高斯平面直角坐标系还是独立平面直角坐标系，均以纵轴为 X 轴，横轴为 Y 轴，这与数学上笛卡儿平面坐标系的 X 轴和 Y 轴正好相反。其原因在于测量与数学上表示直线方向的方位角定义不同，测量上的方位角为纵轴的指北端起始，顺时针至直线的夹角；数学上的方位角则为横轴的指东端起始，逆时针至直线的夹角。将二者的 X 轴和 Y 轴互换，是为了仍旧可以将已有的数学公式用于测量计算。出于同样的原因，测量与数学上关于坐标象限的规定也有所不同。二者均以北东为第一象限，但数学上的四个象限为逆时针递增，而测量上则为顺时针递增，如图 1-9 所示。

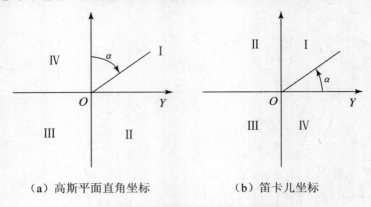

（a）高斯平面直角坐标　　　　　（b）笛卡儿坐标

图1-9　两种平面直角坐标系的比较

三、高程系统

地面点空间位置的第三维坐标是高程。地面点的高程，是指地面点沿铅垂线到一定基准面的距离。测量中定义以大地水准面作基准面的高程为绝对高程，简称高程，以 H 表示；以其他任意水准面作基准面的高程为相对高程或假定高程，以 H' 表示。地面任意两点之间的高程之差称为高差，用 h 表示（图 1-10）。

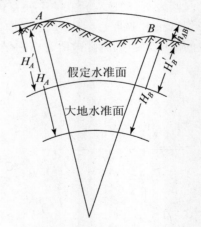

图1-10　高程和高差

$$h_{AB} = H_B - H_A = H'_B - H'_A \qquad (1\text{-}5)$$

由式（1-5）可见，无论采用绝对高程还是相对高程，两点间的高差总是不变的。

我国解放后，以设在山东青岛验潮站收集的 1950～1956 年的验潮资料为依据，推算的黄海平均海水面作为我国的高程基准面，并在青岛市观象山港湾建立了水准原点，测定了该点至基准面的高程为 72.289m，由此建立了我国的高程系统，称为 1956 年黄海高程系。

20 世纪 80 年代初，有关部门根据青岛验潮站新的验潮资料，推算出新的黄海平均海水面，并测定水准原点的高程为 72.260m，由此建立了我国新的高程系统，称为 1985 年国家高程基准。

四、用水平面代替水准面的限度

如上所述，当地形图测绘或施工测量的面积较小时，可将测区范围内的椭球面或水准面用水平面来代替，这将使测量的计算和绘图大为简便。但用水平面代替水准面必然会给距离和高程测量带来相应的误差，影响测绘成果的精度，因此有必要对水平面代替水准面给予一定的限度，从而将这种误差控制在容许的范围以内。

（一）距离测量时用水平面代替水准面的限度

如图 1-11 所示，设有地面 A，B 两点，它们在水准面上的投影为 a，b，用水平面代替水准面得投影为 a，b'。此时，以水平距离 ab'（t）代替球面距离 ab（d），即使距离测量产生误差 Δd：

$$\Delta d = t - d = R\tan\alpha - R\alpha \qquad (1\text{-}6)$$

式中：R——地球半径，约为 6 371km；

α——弧长 d 所对圆心角。

将 $\tan\alpha$ 用级数展开，并取其前两项，得：

$$\Delta d = R\alpha + \frac{1}{3}R\alpha^3 - R\alpha = \frac{1}{3}R\alpha^3 \qquad (1\text{-}7)$$

因为 $\alpha = \dfrac{d}{R}$，故

$$\Delta d = \frac{d^3}{3R^2} \qquad (1-8)$$

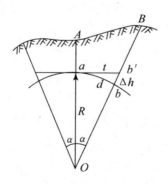

图1-11 用水平面代替水准面

以不同的 d 值代入式（1-8），算得相应的误差值列于表 1-2。

表1-2　水平面代替水准面对距离产生的误差

d/km	1.0	5.0	10.0	25.0
Δd/mm	0.008	1.0	8.2	128.3
$\Delta d/d$	1/125 000 000	1/5 000 000	1/1 200 000	1/195 000

由表 1-2 可见，距离为 10km 时，产生的相对误差约为 1/1 200 000，小于目前最精密距离测量的容许误差 1/1 000 000。因此可以认为，在 10km 长的区域内，地球曲率对水平距离的影响可以忽略不计，因而可将 10km 长的区域作为距离测量时用水平面代替水准面的限度。在一般测量工作中，有时这一限度可放宽至 25km 长的区域。

（二）高程测量时用水平面代替水准面的限度

图 1-11 中，A，B 两点在同一水准面上，高程相等，但用水平面代替水准面后投影变为 A，B' 两点，高程不等，即使高程测量产生误差 Δh。由图中可见，$\angle b'ab=\dfrac{\alpha}{2}$，因该角很小，以弧度表示，则有

$$\Delta h = d \times \frac{\alpha}{2} \qquad (1-9)$$

因

$$\alpha = \frac{d}{R}$$

故

$$\Delta h = \frac{d^2}{2R} \qquad (1-10)$$

以不同的距离 d 代入式（1-10），算得相应的 Δh 值列于表 1-3。

表1-3　水平面代替水准面对高差产生的误差

d/m	50	100	200	500	1 000
Δh/mm	0.2	0.8	3.1	19.6	78.5

由表 1-3 可见，距离为 100m 时，在高程方面产生的误差就达 0.8mm，其影响已不容忽视。因此可以认为，即使在一般高程测量中，也只能以距离 100m 为用水平面代替水准面的限度，否则，必须采取相应的技术措施，对地球曲率给高程带来的影响加以削弱或改正。

任务三　直线定向和坐标推算

地面两点之间的方向一般是用方位角表示的。知道两点之间的边长和方位角，即可根据一个点的坐标推算另一个点的坐标。边长用距离测量测定，方位角则可通过直线定向来获得。

一、直线定向

（一）方位角

直线定向就是确定一条直线的方向，直线方向一般用方位角表示。所谓方位角就是自某标准方向起始，顺时针至一条直线的水平角，取值范围为 0°～360°（图 1 - 12）。由于标准方向的不同，方位角可分为：真方位角、磁方位角和坐标方位角。

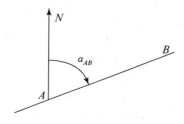

图1-12　方位角

真方位角是指以过直线起点和地球南、北极的真子午线指北端为标准方向的方位角，以 A 表示；磁方位角是指以过直线起点和地球磁场南、北极的磁子午线指北端为标准方向的方位角，以 A_m 表示；坐标方位角是指以过直线起点的平面坐标纵轴平行线指北端为标准方向的方位角，以 a 表示。测量中坐标方位角往往简称为方位角。

（1）真方位角与磁方位角之间的关系

地球的南、北极和地球磁场的磁南、磁北极是不重合的，因此过地面某点的真子午线与磁子午线不重合，二者之间的夹角为磁偏角，用 Δ 表示。磁子午线北端偏于真子午线以东为东偏，Δ 为"＋"；偏于真子午线以西为西偏，Δ 为"－"（图 1 - 13）。不同地方的磁偏角不同，例如北京地区 Δ 约为－5°，而南京地区 Δ 约为－3.5°。

同一直线的真方位角 A 和磁方位角 A_m 可用式（1 - 11）换算：

$$A = A_m + \Delta \tag{1-11}$$

（2）真方位角与坐标方位角之间的关系

过平面某点的坐标纵轴平行线与过该点的真子午线也是不平行的，二者之间的夹角为子午线收敛角，用 γ 表示（图 1-14）。坐标纵轴位于真子午线以东，γ 为"＋"；位于真子午线以西，γ 为"－"。同一直线的真方位角 A 和坐标方位角 α 可用式（1-12）换算：

$$A = \alpha + \gamma \qquad\qquad (1\text{-}12)$$

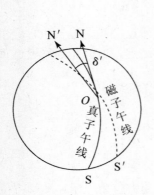

图1-13　磁偏角

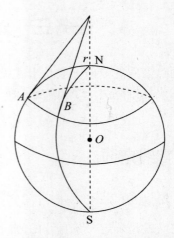

图1-14　子午线收敛角

（二）正、反方位角

对直线 AB 而言，过始点 A 的坐标纵轴平行线指北端顺时针至直线的夹角 α_{AB} 是 AB 的正方位角，而过端点 B 的坐标纵轴平行线指北端顺时针至直线的夹角 α_{BA} 则是 AB 的反方位角，同一条直线的正、反方位角相差 180°（图 1-15），即

$$\alpha_{AB} = \alpha_{BA} \pm 180° \qquad\qquad (1\text{-}13)$$

式（1-13）右端，若 $\alpha_{BA} < 180°$，用"＋"号，若 $\alpha_{BA} \geqslant 180°$，用"－"号。

（三）象限角

一条直线的方向有时也可用象限角表示。所谓象限角是指从坐标纵轴的指北端或指南端起始，至直线的锐角，用 R 表示，取值范围为 0°～90°。为了说明直线所在的象限，在 R 前应加注直线所在象限的名称。4 个象限的名称分别为北东（NE）、南东（SE）、南西（SW）、北西（NW）（图 1-16）。象限角和坐标方位角之间的换算公式列于表 1-4。

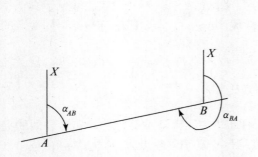

图1-15　同一直线的正反方位角

图1-16　象限角

表1-4　象限角与方位角关系表

象限	象限角 R 与方位角 α 换算公式
第一象限（北东）	$\alpha=R$
第二象限（南东）	$\alpha=180°-R$
第三象限（南西）	$\alpha=180°+R$
第四象限（北西）	$\alpha=360°-R$

（四）坐标方位角的推算

测量工作中一般并不直接测定每条边的方向，而是通过与已知方向进行连测，推算出各边的坐标方位角。设地面有相邻的 A，B，C 3 个点，连成折线（图 1-17），已知 AB 边的方位角 α_{AB}，又测定了 AB 和 BC 之间的水平角 β，求 BC 边的方位角 α_{BC}，即是相邻边坐标方位角的推算。水平角 β 又有左、右之分，前进方向左侧的水平角为 $\beta_左$，前进方向右侧的水平角为 $\beta_右$。

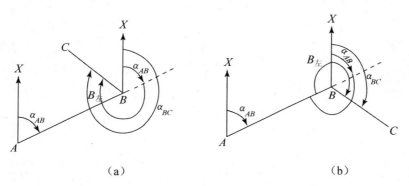

（a）　　　　　　　　　　　　　　（b）

图1-17　相邻边坐标方位角的推算

设三点相关位置如图 1-17（a）所示，应有：

$$\alpha_{BC} = \alpha_{AB} + \beta_左 + 180° \qquad (1-14)$$

设三点相关位置如图 1-17（b）所示，应有：

$$\alpha_{BC} = \alpha_{AB} + \beta_左 + 180° - 360° = \alpha_{AB} + \beta_左 - 180° \qquad (1-15)$$

若按折线前进方向将 AB 视为后边，BC 视为前边，综合两式即得相邻边坐标方位角推算的通式：

$$\alpha_前 = \alpha_后 + \beta_左 \pm 180° \qquad (1-16)$$

显然，如果测定的是 AB 和 BC 之间的前进方向右侧水平角 $\beta_右$，因为有 $\beta_左=360°-\beta_右$，代入式（1-16）即得通式：

$$\alpha_{前} = \alpha_{后} - \beta_{左} \pm 180° \qquad (1-17)$$

式（1-16）和式（1-17）右端，若前两项计算结果<180°，180°前面用"+"号，否则180°前面用"−"号。

二、坐标推算

地面点的坐标推算包括坐标正算和坐标反算。

（一）坐标正算

根据 A 点的坐标 X_A，Y_A 和直线 AB 的水平距离 D_{AB} 与坐标方位角 α_{AB}，推算 B 点的坐标 X_B，Y_B，为坐标正算。由图 1-18 可见，其计算公式为：

$$\left.\begin{array}{l} X_B = X_A + \Delta X_{AB} \\ Y_B = Y_A + \Delta Y_{AB} \end{array}\right\} \qquad (1-18)$$

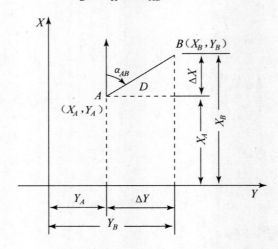

图1-18 坐标正算与反算

式（1-18）中，ΔX_{AB} 与 ΔY_{AB} 分别称为 $A \sim B$ 的纵、横坐标增量，仍由图 1-18 可见，其计算公式为：

$$\left.\begin{array}{l} \Delta X_{AB} = X_B - X_A = D_{AB} \cdot \cos \alpha_{AB} \\ \Delta Y_{AB} = Y_B - Y_A = D_{AB} \cdot \sin \alpha_{AB} \end{array}\right\} \qquad (1-19)$$

注意，ΔX_{AB} 和 ΔY_{AB} 均有正、负，其符号取决于直线 AB 的坐标方位角所在的象限，参见表 1-5。

表1-5　不同象限坐标增量的符号

坐标方位角α_{AB}及其所在象限	ΔX_{AB}之符号	ΔY_{AB}之符号
0°～90°（第一象限）	+	+
90°～180°（第二象限）	−	+
180°～270°（第三象限）	−	−
270°～360°（第四象限）	+	−

（二）坐标反算

根据 A，B 两点的坐标 X_A，Y_A 和 X_B，Y_B，推算直线 AB 的水平距离 D_{AB} 与坐标方位角 α_{AB}，为坐标反算。仍由图 1-18 可见，其计算公式为：

$$\alpha_{AB} = \arctan \frac{Y_B - Y_A}{X_B - X_A} = \arctan \frac{\Delta Y_{AB}}{\Delta X_{AB}} \tag{1-20}$$

$$D_{AB} = \sqrt{\left(X_B - X_A\right)^2 + \left(Y_B - Y_A\right)^2} = \sqrt{\Delta X_{AB}^2 + \Delta Y_{AB}^2} \tag{1-21}$$

注意，由式（1-20）计算α_{AB}时往往得到的是象限角的数值，必须参照表 1-5 与表 1-4，先根据ΔX_{AB}，ΔY_{AB}的正、负号确定直线 AB 所在的象限，再将象限角化为坐标方位角。例如 ΔX_{AB}，ΔY_{AB}均为-1，这时由式（1-20）计算得到的 R_{AB} 数值为 45°，但根据ΔX_{AB}，ΔY_{AB}的符号判断，直线 AB 应在第三象限。因此，最后得α_{AB}=45°＋180°=225°，余类推。

任务四　测量的基本工作和原则

一、必要的起算数据

在一个区域进行测量工作时，至少要有一个已知点的坐标、一条边的已知方位角和一个已知水准点的高程作为必要的起算数据，以便将测区纳入已知的坐标系和高程系。这样的起算数据可以通过与测区附近已有国家或城市高级测量控制点进行连测的方法获得。如测区附近没有高级测量控制点可以利用，则需要假设一个点的坐标、一条边的方位角及一个点的高程，从而建立测区假定的平面直角坐标系和高程系。假设一边的方位角时，为使该方位角与其真实方向大致相仿，可以用罗盘仪测定该边的磁方位角 A_m，再根据当地的磁偏角Δ，依式（1-11）换算得该边的真方位角 A，作为其方位角的假定值。

二、测量的基本工作

上已述及，测量工作的实质就是确定一系列地面点的空间位置，即它们的坐标和高程。

如图 1-19 所示，假设已知 B 点的坐标 X_B，Y_B 和 A 点至 B 点的方位角 α_{AB} 以及 B 点的高程 H_B，确定 C 点的坐标 X_c，Y_c 和高程 H_c，就需要知道 BC 边的坐标方位角 α_{BC}，水平距离 D_{BC} 和高差 h_{BC}，而 BC 边的坐标方位角 α_{BC} 则需通过测定 AB 边与 BC 边之间的水平角 β，再据式（1-16）或式（1-17）来推算。同理，再由 C 点的坐标 X_c，Y_c 和高程 H_c 确定后续一系列点的坐标和高程，也都需要测定相邻点之间的高差、水平距离和相邻边之间的水平角。因此，高差、水平距离和水平角是确定地面点相关位置的 3 个基本几何要素，而测定两点之间高差的高程测量及距离测量和角度测量就是测量的基本工作。

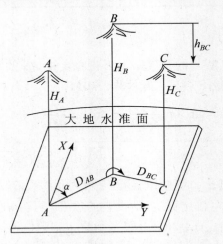

图1-19　确定地面点位的测量工作

三、测量工作的基本原则

无论是地形图测绘、施工放样还是建筑物的安全监测，都离不开测量的基本工作，即高程测量、距离测量和角度测量。而任何一种测量工作都会产生误差。为了克服误差的传播和累积对测量成果造成的影响，测量工作必须遵循一定的原则进行。这一原则就是程序上"由整体到局部"；步骤上"先控制后碎部"；精度上"由高级到低级"，即先进行整体的精度较高的控制测量，再进行局部的精度较低的碎部测量。

控制测量包括平面控制测量和高程控制测量。即首先在测区内选择 A，B，C，D，E，F 等作为控制点，连成控制网；用较精密的方法测定这些点的坐标和高程，以控制整个测区，如图 1-20（a）所示；然后再以这些控制点为依据，进行碎部测图，即在各个控制点上用稍低的精度测定附近的房角、道路中心线和河岸的转折点等地物特征点以及山脊线、山谷线的起终点、转折点、地貌方向及坡度的变化点等地貌特征点（通称碎部点）的位置和高程，并以控制点在图上相应的位置 A'，B'，C'，D'，E'，F' 和高程为依据，将碎部点展绘到图上，然后再根据碎部点的图上位置和高程，将地物和地貌按一定的比例尺和符号绘制成地形图，如图 1-20（b）所示。同理，在建筑物施工测量中，也应先在施工地区布设施工控制网，以控制整个地区建筑物的施工放样，然后依据设计图纸，算出建筑物的细部点（平面轮廓点）到邻近控制点的水平角、水平距离及高差（称为放样数据），再到现场，将建筑物细部点的位置和高程测设出来，据此指导施工。

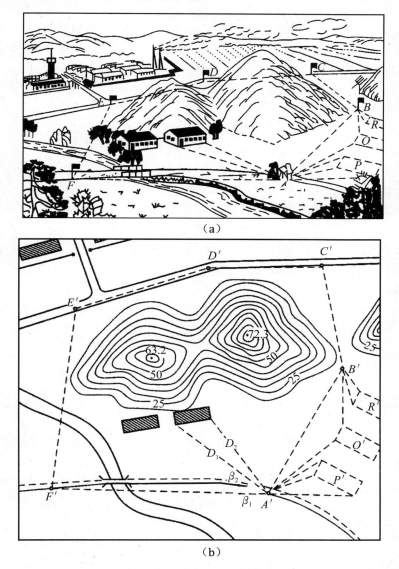

（a）

（b）

图1-20 测量工作基本原则示意图

显然，由于控制点的点位精度较高，根据它测定的碎部点或测设的细部点又相互独立，一旦有了差错，仅对局部产生影响，不会影响全局，从而将误差的传播和累积尽量减小。控制网又将测区划分为若干部分，可由多个作业组同时进行测图或放样，以加快测量的进度。

此外，无论是控制测量还是碎部测量，都应遵循"责任到人，步步检核"的原则，尽量在现场通过校核发现可能产生的差错，加以改正。

项目小结

（1）测量的主要任务：一是测绘地形图，二是施工放样，三是对各种工程建设进行安全监测。

（2）本课程的主要内容、学习目的和要求。

（3）有关水准面、大地水准面和参考椭球的概念。大地水准面是平均高度的水准面。水准面与大地水准面处处和铅垂线相垂直，因而形状不规则，地球的形状和大小用参考椭球来描述。

（4）有关平面直角坐标系统和高程系统的概念。大面积范围采用高斯平面直角坐标系，局部地区采用独立平面直角坐标系，我国的高程系统为黄海高程系。

（5）有关直线定向和坐标推算的方法。直线以方位角定向，坐标推算分坐标正算和坐标反算。相邻边的方位角推算公式以及相邻点的坐标正算与反算公式是测量最基本的计算公式。

（6）测量的基本工作包括高程测量、距离测量和角度测量。

（7）测量工作的基本原则是程序上"由整体到局部"；步骤上"先控制后碎部"；精度上"从高级到低级"。

课后训练

一、填空题

1．测量的传统任务一为_____，任务二为_____，此外，为各种工程建设进行_____也是测量的重要任务之一。

2．_____称为水准面，大地水准面是_____。水准面和大地水准面具有共同的特性：_____。

3．_____称为地面点的高程，_____为绝对高程，_____为相对高程。两个地面点之间的高程之差称为_____。无论采用绝对高程还是相对高程，两点之间的高差_____。如果 $h_{AB}<0$，说明 A 点_____于 B 点。

4．方位角是指_____，_____为坐标方位角。坐标方位角的范围是_____，而象限角的范围是_____，为了说明象限角所在的象限，其角值前应加_____。

5．同一条边的正反方位角之间相差_____。相邻边方位角的推算公式为_____。

6．_____为坐标正算，坐标正算中的 ΔX，ΔY 称为_____，其计算公式分别为_____、_____；_____为坐标反算，其计算公式分别为_____、_____。

7．在一个区域进行测量工作时至少应有的起算数据为_____、_____和_____；确定地面点相关位置的三个基本几何要素有_____、_____和_____，而_____、_____和_____则是测量的基本工作。

8．测量工作的基本原则是＿＿＿＿＿＿、＿＿＿＿＿＿、＿＿＿＿＿＿。

二、练习题

1．已知 AB，AC 两条边的象限角分别为 R_{AB}=SE34°20′，R_{AC}=SW72°40′，该二边的方位角α_{AB}，α_{AC} 以及它们的反方位角α_{BA}，α_{CA} 各等于多少？

2．如图 1-21 所示，已知α_{AB}=126°34′20″，测得水平角 β_1=138°48′40″（为左角），β_2=305°26′30″（为右角），则α_{BC}，α_{CD} 各等于多少？

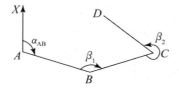

图1-21 第2题附图

3．已知 A 点坐标 X_A=2 508.465m，Y_A=1 436.942m，α_{AB}=138°26′45″，D_{AB}=265.438m，α_{AC}=246°38′52″，D_{AC}=194.576m，求 B，C 两点坐标 X_B，Y_B 和 X_C，Y_C。

4．已知 A，B，C 三点坐标分别为 X_A=2 186.29m，Y_A=1 383.97m；X_B=2 192.45m，Y_B=1 556.40m；X_C=2 299.83m，Y_C=1 303.80m，α_{AB}，D_{AB}，和α_{AC}，D_{AC} 各是多少？

5．已知 H_A=98.461m，H_B=101.217m，高差 h_{AB} 为多少？

三、思考题

1．测量是一门什么样的科学技术？在工程建设中有何作用？学习本课程的目的是什么？应达到哪些要求？

2．地球的形状和大小是用什么来描述的？为什么？

3．高斯投影是一种什么样的投影？有何特点？为了将变形限制在一定的范围以内，高斯投影采用了什么方法？

4．地面点的平面位置如何确定？高斯平面直角坐标系是如何建立的？工程上常用的独立平面直角坐标系是如何定义的？测量上的直角坐标系和数学上的直角坐标系有何区别（包括坐标轴的定义和象限的编号）？为何会有这样的区别？

5．地面点的第三维坐标是什么？什么是我国的黄海高程系？

6．为何要以水平面代替水准面，在距离测量及高程测量中，用水平面代替水准面的限度分别是多少？

7．方位角和象限角如何换算？在使用相邻边的方位角推算公式时应注意什么？

8．在使用坐标正算和坐标反算公式时应注意什么？

9．遵循测量工作的基本原则，其目的是什么？

第二部分

建筑工程测量提高篇

项目二　水准测量

任务目标

能够使用普通水准仪，进行一般水准测量的外业观测和内业计算。

情景导入

工作人员在进行数据测量后，要将下图中的水准测量观测数据填入下表中，已知 A，B 两点高程分别为 $H_A=26.782\text{m}$，$H_B=28.121\text{m}$，计算并调整高差闭合差，最后求出 T_1，T_2 和 T_3 点高程。

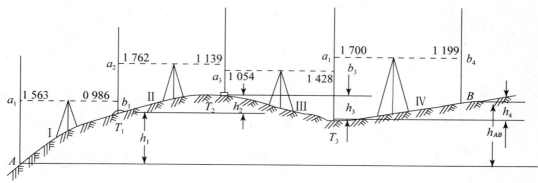

某工程水准测量数据图

水准测量记录、计算表

测站	测点	水准尺读数/m		实测高差 /m	高差改正数/m	改正后高差/m	高程 / m
		后视（a）	前视（b）				
I	$A\ T_1$						
II	$T_1 T_2$						
III	$T_2 T_3$						
IV	$T_3 B$						
辅助计算	Σ						
	$f_h=$						

任务一　水准测量的原理

水准测量是利用水准仪提供的水平视线来测定地面两点之间的高差，进而推算未知点高程的一种方法。

如图 2-1 所示，已知 A 点的高程 H_A，需求 B 点的高程 H_B，只要在 A，B 两点之间安置一台水准仪，并在 A，B 两点上各竖立一根标尺，利用水准仪提供的一条水平视线在 A 尺上得读数 a，在 B 尺上得读数 b，即可计算 A 点至 B 点的高差为：

$$h_{AB} = a - b \tag{2-1}$$

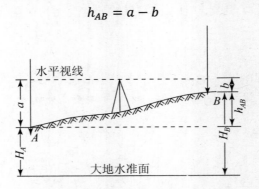

图2-1　水准测量原理

设由 A 点测向 B 点，A 点称为后视，a 即为后视读数；B 点称为前视，b 即为前视读数，高差总是后视读数减去前视读数。h_{AB} 为正时，表明 B 点高于 A 点，反之表明 B 点低于 A 点。

计算高程的方法有两种。一种称为高差法，即由两点之间的高差计算未知点高程：

$$H_B = H_A + H_{AB} \tag{2-2}$$

另一种称为仪高法，即由仪器的视线高程计算未知点高程。先由 A 点的高程加后视读数 a，得仪器的视线高程 H_i：

$$H_i = H_A + a \tag{2-3}$$

再由视线高程计算 B 点高程为：

$$H_B = H_i - b \tag{2-4}$$

由上可见，两种方法的实质相同，但仪高法往往安置一次仪器，可以测定多个未知点的高程，因而更适用于一般施工测量。

一、水准仪的分类

水准仪是能够精确提供一条水平视线的仪器。水准仪按其构造的不同分为微倾式水准仪、自动安平水准仪和电子水准仪；按其精度由高至低又分为 DS05，DS1，DS3 和 DS10 四个等级，其中"D"为大地测量仪器的总代码，"S"为"水准仪"汉语拼音的第一个字母，后面的数字是指该水准仪所能达到的每千米往返测高差平均数的中误差（单位：mm）。本任务主要介绍 DS3 型微倾式水准仪。

二、DS3 型微倾式水准仪的组成和使用

（一）DS3 型微倾式水准仪的组成

微倾式水准仪主要由望远镜、水准器和基座 3 个部分组成（图 2-2）。通过旋转仪器的微倾螺旋，使望远镜在竖直面上做微小转动，使管水准器气泡居中，进而达到视线水平的目的，微倾式水准仪由此得名。此外，水准仪还有必备的配套工具：水准尺和尺垫。

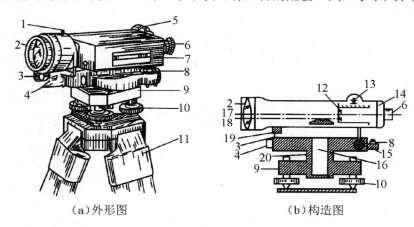

（a）外形图　　　　　　　（b）构造图

图2-2　DS3型水准仪

1-准星；2-物镜；3-微动螺旋；4-制动螺旋；5-缺口；6-目镜；7-水准管；8-圆水准器；
9-基座；10-脚螺旋；11-三脚架；12-对光透镜；13-对光螺旋；14-十字丝分划板；
15-微倾螺旋；16-竖轴；17-视准轴；18-水准管轴；19-微倾轴；20-轴套

1. 望远镜

望远镜由物镜、目镜、对光透镜和十字丝分划板等组成（如图 2-3 所示），主要用于照准目标、放大物像和对标尺进行读数。十字丝分划板上刻有十字丝（如图 2-4 所示），竖丝用于对正标尺，横丝又称中丝，用于对标尺截取读数，上、下还各有一根短横丝，称为视距丝，用于测定距离。十字丝分划板装在十字丝环上，再用螺丝固定在望远镜镜筒内。

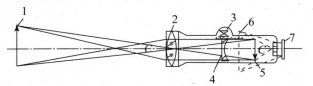

图 2-3　望远镜的构造和成像原理

1-目标；2-物镜；3-对光螺旋；4-对光凹透镜；
5-倒立实像；6-放大虚像；7-目镜

图2-4　十字丝

望远镜照准标尺后，根据几何光学原理（见图 2-3），通过旋转对光螺旋，使对光透镜在望远镜镜筒内平移，即可调节由物镜和对光透镜组成的复合透镜的等效焦距，从而使目标 1 倒立的实像 5 刚好落在十字丝分划板上，再通过目镜的作用，放大成倒立的虚像 6。放大后的虚像 6 对眼睛构成的视角 β 与眼睛直接观测目标构成的视角 α 之比（即放大后的虚像与用眼睛直接看到目标大小的比值）称为望远镜的放大倍率 $V = \frac{\beta}{\alpha}$。DS3 型水准仪望远镜的放大倍率约为 25 倍。

物镜的光学中心（即光心）与十字丝交点的连线 CC 称为望远镜的视准轴。视准轴延伸而成为用于照准目标的视线。测量时，通过水准器的作用使视准轴水平，就得到水平视线。

2. 水准器

水准器是用于整平仪器的装置，分为管水准器和圆水准器两种。前者用于指示仪器的视准轴是否水平，后者用于指示仪器的竖轴是否竖直。

（1）管水准器

管水准器又称为长水准管（图 2-5），是一个内壁磨成弧面的玻璃管，内装轻质液体且含有一个气泡。管面中心称为管水准器零点，过零点所作弧面的纵向切线 LL 称为水准管轴。管面一般每隔 2mm 刻有分划线，相邻分划线间的圆弧所对应的圆心角值 τ 称为水准管分划值：

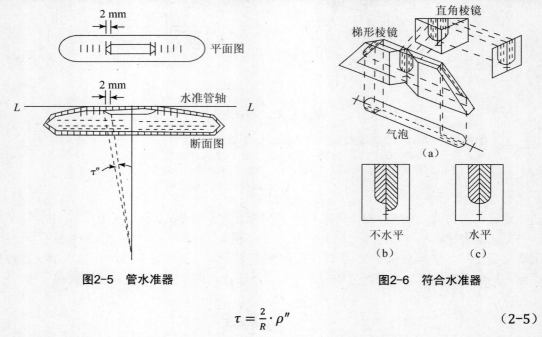

图2-5　管水准器

图2-6　符合水准器

$$\tau = \frac{2}{R} \cdot \rho''　　　　　　　　　（2-5）$$

式中，R——水准管圆弧半径 mm；

　　　$\rho'' = 206\ 265''$。

由式（2-5）可见，分划值的大小与圆弧的半径 R 成反比。分划值越小，水准管的灵敏度越高。DS3 型水准仪的水准管分划值为 $20''/2mm$。管水准器与望远镜固连在一起。在水准管轴与望远镜视准轴平行的前提下，当气泡两端与管面中点对称时（称为气泡居中），水准管轴即水平，视线也就水平了。

为方便观测和提高气泡居中的精度，微倾式水准仪管水准器的上方常装有棱镜系统，如图 2-6（a）所示，用于将水准管气泡的两端通过棱镜系统的折射，投影到目镜左侧的符合气泡观测窗内，各自构成左、右半边的影像。转动微倾螺旋，两半边的影像将相对移动。当底端错开时，表示气泡未居中，如图 2-6（b）所示；而当底端吻合成半圆形，即表示气泡居中，如图 2-6（c）所示。同时，由于两半边的影像将气泡偏离零点的距离放大了一倍，因而使观测气泡居中的精度得以提高。这种装有符合棱镜的水准器又称为符合水准器。

（2）圆水准器

圆水准器又称圆水准管（图 2-7），是一个装在金属外壳中内含气泡的玻璃圆盒。玻璃的内表面磨成球面，中央刻有一小圆圈。过圆圈中点即零点的球面法线称为圆水准轴 $L'L'$。当气泡位于圆圈中央时，圆水准轴即位于竖直位置。如果这时圆水准轴与仪器竖轴是平行的，即表示仪器的竖轴也处于铅垂位置。圆水准器的分划值一般不大于 $8'/2mm$。显然，圆水准器的灵敏度较低，因而只能用于仪器的粗略整平。

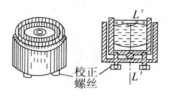

图2-7　圆水准器

3. 基座

基座包括轴座、底板、脚螺旋和三角压板，用于支撑仪器的上部，并通过中心螺旋将仪器与三角架相连接。旋转三个脚螺旋调节圆水准气泡居中，即可使仪器粗略整平。

4. 水准尺和尺垫

（1）水准尺

水准尺即标尺，是水准测量的主要配套工具，分杆尺和塔尺两种（图 2-8）。

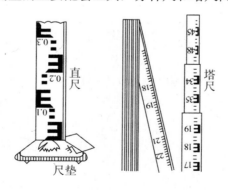

图2-8　水准尺和尺垫

杆尺一般用优质木材制成，长 3m，两面均刻有宽度为 1cm 的分划线。分划为黑、白相间的称为黑面，尺底自 0.000m 起算；分划为红、白相间的称为红面，尺底分别自 4.687m 或 4.787m 起算。这样，在同一视线高度下，黑、红两面的读数差应为常数，由此可以检查读数的正确性。尺的侧面通常装有扶手和圆水准器，便于使立尺竖直。杆尺一般用于三等、四等水准测量。

塔尺一般由木质或铝合金制成，长 5m，分为 3 节，可以伸缩。尺面分划为 1cm 或 0.5cm，也分黑、红两面。优点是便于携带，但由于接头处易磨损，使尺长精度受到影响，因而多用于一般水准测量。

（2）尺垫

尺垫一般由铸铁制成，呈三角型，其中央有一突出圆顶，测量时用于支承标尺（图 2-8）。

（二）DS3 型微倾式水准仪的使用

为测定地面两点之间的高差，首先在两点的中间安置水准仪（不要求三点成一直线）。撑开三角架，使架头大致水平，高度适中，用中心螺旋将水准仪与三角架牢固连接，再按以下步骤进行操作。

1. 粗略整平

粗略整平就是通过旋转脚螺旋使圆水准气泡居中，从而使仪器的竖轴竖直。操作方法如图 2-9 所示，先用双手相对转动一对脚螺旋，使气泡从 a 处移到 b 处，再单独转动另一脚螺旋，使气泡由 b 处移至小圆圈中央。在转动脚螺旋时，应遵循"左手法则"，即使左手拇指运动的方向与令气泡移动的方向相一致。

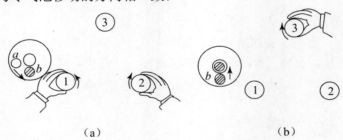

（a） （b）

图2-9 圆水准器的整平

2. 瞄准标尺

先对目镜调焦，即将望远镜对向明亮的背景，转动目镜调节螺旋，直到十字丝清晰为止；松开制动螺旋，转动望远镜，利用镜筒上面的缺口和准星瞄准标尺，再拧紧制动螺旋；转动物镜对光螺旋，使标尺成像清晰；再转动微动螺旋，使标尺影像位于望远镜视场中央；最后消除视差。所谓"视差"，是当眼睛在目镜端上、下微动时，看到十字丝与目标的影像相互移动的现象，如图 2-10（a）所示，其产生的原因是目标的实像未能刚好成在十字丝平面上。视差的存在会增大标尺读数的误差，消除的方法是再旋转物镜对光螺旋，重复对光，直到眼睛上、下微动时标尺的影像不再移动为止，如图 2-10（b）所示。

3. 精确整平

精确整平就是注视符合气泡观测窗，同时转动微倾螺旋，使气泡两半边影像下端符合成半圆形，如图 2-6（c）所示，即使管水准器气泡居中，表明水准管轴水平，视线亦精确水平。

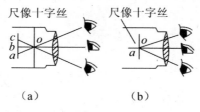

图2-10 视差

4. 标尺读数

用十字丝中横丝在标尺上读数，以米（m）为单位，读出四位数，最后一位毫米（mm）为估读。注意，望远镜的成像一般为倒像，而水准尺上的注字又有正字、倒字之分，但读数总是从上往下读。如图 2-11 所示，读数为 1.948m。观测时，如发现符合气泡影像错开，读数即不正确，应再次精平，重新读数。

图 2-11 水准尺读数

任务二 普通水准测量

普通水准测量是指国家等级控制以下的水准测量，又称等外水准测量，常用于局部地区大比例尺地形图测绘的图根高程控制或一般工程施工的高程测量。水准测量至少应有一个已知高程点，布设一定的水准路线，通过外业观测和内业计算，求出未知点的高程。

一、水准点和水准路线

（一）水准点

用水准测量方法测定的高程控制点称为水准点，常以 BM 表示。按其精度和作用的不同，分为国家等级水准点和普通水准点。前者作为全国范围的高程控制点，需按规定形式埋设永久性标志；后者则是从国家等级水准点引测出来，直接作为局部测区或施工场地的高程控制点，埋设永久性或临时性标志。

　　永久性水准点一般用钢筋混凝土制成，深埋至地面冻土线以下，顶部嵌入金属或瓷质半球形标志如图 2-12（a）所示。在城镇或建筑区也可将金属标志埋设在稳定的墙脚上，称为墙上水准点如 2-12(b)所示。临时性水准点可选用地面坚硬的地物或用大木桩打入土中，再在桩顶钉一圆头钉。永久性水准点埋设后应及时绘制点位附近的草图，标注定位尺寸，称为点之记，如图 2-13 所示。

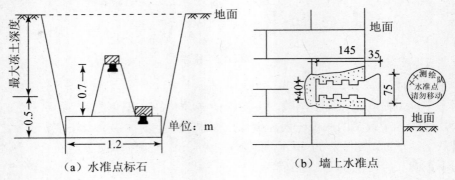

（a）水准点标石　　　　　　　　（b）墙上水准点

图2-12　水准点

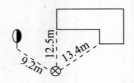

图2-13　点之记

（二）水准路线

　　水准测量根据点位、场地及作业条件，事先应布设成一定的水准路线，既保证测量具有足够的检核，又提高成果的精度。水准路线一般有以下 3 种形式：

1. 附合水准路线

　　如图 2-14 所示，从已知水准点 BM_1 出发，经各待定高程点逐站进行水准测量，最后附合到另一已知水准点 BM_2 上，称为附合水准路线。

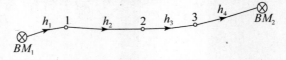

图2-14　附合水准路线

2. 闭合水准路线

　　如图 2-15 所示，从已知水准点 BM_1 出发，经各待定高程点逐站进行水准测量，最后返回到已知水准点 BM_1 上，称为闭合水准路线。

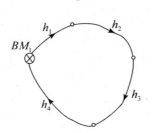

图2-15　闭合水准路线

3. 支水准路线

若从已知水准点出发，经各待定高程点逐站进行水准测量，既不附合到另一已知水准点，也不返回原已知水准点，称为支水准路线，如图 2-16 所示。

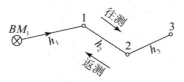

图2-16　支水准路线

附合路线和闭合路线能对测量成果进行有效的检核，而支水准路线必须进行往返观测，否则不能保证测量成果的可靠性。

二、水准测量的外业

水准测量的外业包括现场的观测、记录和必要的检核。

（一）观测与记录

如上所述，水准测量一般都是沿水准路线进行的。一条水准路线必含有若干已知水准点和待定高程点。两相邻点之间的路线称为一个测段，测段上每安置一次仪器称为一个测站。由于仪器到标尺的距离一般不宜超过 100m，即一个测站的距离有所限制，因而每个测段一般均由若干连续的测站所组成。

以图 2-17 为例，A 为已知水准点，高程为 36.565m，为测定未知点 1，2 的高程，布设一条闭合水准路线，分为 3 个测段，计 5 个测站。施测时，首先安置水准仪于测站 1，以 A 为测站 1 的后视点。在路线前进方向与后视距离大致相等处，选择转点 TP_1，作为测站 1 的前视点。所谓转点是临时设置、用于传递高程的点，其上应放置尺垫。在 A 点（不放尺垫）和 TP_1 点（放尺垫）上各立一水准尺分别为测站 1 的后视尺和前视尺。仪器粗略整平后，瞄准后视尺，用微倾螺旋使管水准气泡符合，读取读数 $a_1=2.305$m，记入表 2-1 的后视读数栏。转动望远镜，瞄准前视尺，再次使管水准气泡符合，读取读数 $b_1=0.875$m，记入表 2-1 的前视读数栏。计算 A 与 TP_1 点的高差为：

$$H_1=a_1-b_1=2.305\text{m}-0.875\text{m}=1.430\text{m}$$

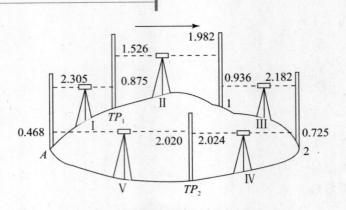

图2-17 闭合水准测量示例

将结果记入高差栏内。以上为测站 1 的全部工作。

检核无误后，将仪器搬至测站 2，TP_1 点原地不动，只是将尺面转向仪器，变为测站 2 的后视尺，而将 A 点的标尺移至待定点 1，作为测站 2 的前视尺，然后进行与测站 1 相同的观测和记录。再按同样的作业程序，依次经待定点 1，2 和转点 TP_2 返回水准点 A，完成闭合路线的施测。

表2-1 水准测量手簿

日期		仪器			观测	
天气		地点			记录	

测站	测点	水准尺读数/m		高差/m		高程/m	备注
		后视（a）	前视（b）				
I	A TP_1	2.305	0.875	1.430			36.565
II	TP_1 1	1.526	1.982		0.456		
III	1 2	0.936	2.182		1.246		
IV	2 TP_2	0.725	2.024		1.299		
V	TP_2 A	2.020	0.468	1.552		36.565	
检核	[ ]	7.512 −7.531 −0.019	7.531	2.982 −3.001 −0.019	3.001		

（二）检核

1. 测站检核

各测站高差是推算待定点高程的依据，若其中任一测站所测高差有误，则全部测量成果将无法使用。因此，每一测站都应进行必要的测站检核，检核通过后，方能搬站。测站检核的方法有以下两种：

（1）仪高法。在同一测站上，第一次高差测定后，重新安置仪器，使仪器高度的改变量大于 10cm，再进行第二次高差测定。两次测得的高差之差值若不超过容许值（如普通水准测量为±5mm），则符合要求，取两次高差的平均值作为该测站的观测高差，否则应返工重测。

（2）双面尺法。在同一测站上，不改变仪器高，分别对后视尺和前视尺的黑、红两面进行读数，由此算得测站的黑面高差 $h_黑 = a_黑 - b_黑$ 和红面高差 $h_红 = a_红 - b_红$，对两者加以比较来检核成果的正确性。因两根水准尺底部的红面刻划起始读数分别为 4.687m 和 4.787m，故应将 $h_红 \pm 0.100$m 之后，再与 $h_黑$ 进行比较，即

$$\Delta h = h_黑 - (h_红 \pm 0.100) \qquad (2-6)$$

同样，对于普通水准测量，Δh 小于 ±5mm，超限亦须重测。

2. 计算检核

为保证高差计算的正确性，应在每页记录的下方进行计算检核。方法是分别计算该页所有测站的后视读数之和[a]、前视读数之和[b]及测站高差之和[h]，代入式（2-7）：

$$[h] = [a] - [b] \qquad (2-7)$$

看其是否成立。例如，表 2-1 下方

$$[h] = 2.982 - 3.001 = -0.019$$
$$[a] - [b] = 7.512 - 7.531 = -0.019$$

两数相等，说明计算无误。

三、水准测量的内业

水准测量的内业即先计算路线的高差闭合差，如其符合要求则予以调整，最终推算出待定点的高程。其步骤为：

（一）高差闭合差的计算与检核

所谓高差闭合差，就是作为水准路线终端的水准点可得两个高程值，一个是其已知值，另一个是由起始水准点已知高程和所有测站高差之和得到的推算值。二者理论上应相等，但由于外业测定的高差不可避免会受到各种误差的影响，因此二者之间一般总会存在差值。这一差值即称为高差闭合差。

对附合水准路线而言，起始和终端的已知水准点不同，其高差闭合差 f_h 为：

$$f_h = \sum h_测 - (H_终 - H_始) \qquad (2-8)$$

对闭合水准路线而言，起点和终点合二为一，因而高差闭合差为：

$$f_h = \sum h_测 \qquad (2-9)$$

对支水准路线，经往、返观测（高差符号相反），二者高差之差即为高差闭合差，亦称高差较差：

$$f_h = \sum h_往 + \sum h_返 \qquad\qquad （2-10）$$

为了检查高差闭合差是否符合要求，还应计算高差闭合差的容许值（即其限差）。不同等级的水准测量，高差闭合差容许值也不相同。就一般（等外）水准测量而言，该容许值规定为：

$$平地山地\left.\begin{array}{l} f_{h容} = \pm40\sqrt{L}\,\text{mm} \\ f_{h容} = \pm12\sqrt{n}\,\text{mm} \end{array}\right\} \qquad\qquad （2-11）$$

式中：L——水准路线全长，以 km 为单位；

n——路线测站总数。

平地、山地容许值的计算有所不同，是因为山地坡度变化大，每千米安置的测站数难以一致，而平地坡度变化小，每千米测站数相差不大的缘故。如计算的高差闭合差大于高差闭合差容许值，说明观测成果含有粗差甚至错误，应查找原因，予以重测。

以图 2-18 所示附合水准路线为例，已知水准点 BM_1，BM_2 和待定点 1，2，3 将整个路线分为 4 个测段。已知高程、各测段的观测高差之和 h_i 及测站数已填入表 2-2 内相应栏目（如系平地测量，则将测站数栏改为千米数栏，填入各测段千米数），然后进行高差闭合差计算：

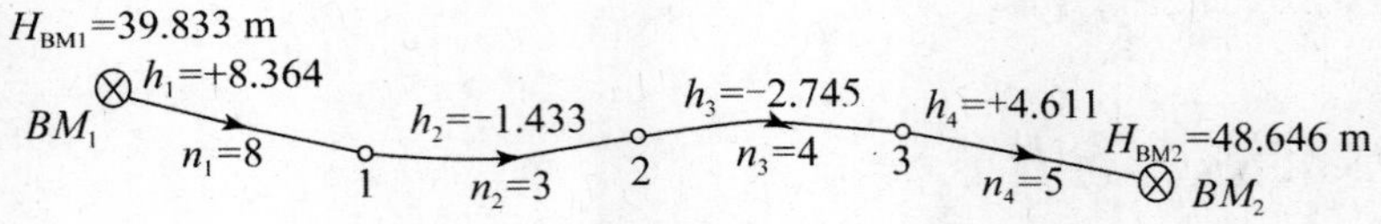

$H_{BM1}=39.833$ m

$BM_1 \otimes \xrightarrow[\substack{n_1=8}]{h_1=+8.364} \circ\!\!\!\!\!\!\underset{1}{} \xrightarrow[\substack{n_2=3}]{h_2=-1.433} \underset{2}{\circ} \xrightarrow[\substack{n_3=4}]{h_3=-2.745} \underset{3}{\circ} \xrightarrow[\substack{n_4=5}]{h_4=+4.611} \begin{array}{l}H_{BM2}=48.646\text{ m}\\ \otimes BM_2\end{array}$

图2-18　附合水准路线算例

由于图中标注了测段的测站数，说明是山地观测，因此依据总测站数 n 计算高差闭合差的容许值为：

$$f_{h容} = \pm12\sqrt{n}\,\text{mm} = \pm12\sqrt{20}\,\text{mm} = \pm54\text{mm}$$

计算的高差闭合差及其容许值填于表 2-2 下方的辅助计算栏。

（二）高差闭合差的调整

若高差闭合差小于容许值，说明观测成果符合要求，但应进行调整。所谓调整就是将高差闭合差予以消除。方法是将高差闭合差反符号按与测段的长度（平地）或测站数（山地）成正比，即依式（2-12）计算各测段的高差改正数，加入到测段的高差观测值中：

$$\left.\begin{array}{l} \Delta h_i = -\dfrac{f_h}{\sum L}\cdot L_i \quad（平地，与各测段长度成正比）\\ \Delta h_i = -\dfrac{f_h}{\sum n}\cdot n_i \quad（平地，与各测段测站数成正比） \end{array}\right\} \qquad （2-12）$$

式中：ΣL——路线总长；

　　　L_i——第 i 测段长度（km）（$i=1$，2，3…）；

　　　Σn——测站总数；

　　　N_i——第 i 测段测站数。

此例中，以测站数成正比计算第一测段的高差改正数为：

$$\Delta h_1 = -\frac{\Delta h}{\Sigma n} \cdot n_1 = -\frac{34\text{mm}}{20} = -14\text{mm}$$

同法算得其余各测段的高差改正数分别为−5mm，−7mm，−8mm，依次列入表 2-2 中第 5 栏。所算得的高差改正数总和应与高差闭合差的数值相等，符号相反，以此对计算进行校核。如因取整误差造成二者出现小的较差可对个别测段高差改正数的尾数适当取舍 1mm，以满足改正数总和与闭合差数值相等的要求。

（三）计算待定点的高程

将高差观测值加上改正数即得各测段改正后高差。据此，即可依次推算各待定点的高程（例中计算结果列入表 2-2 之第 6，7 栏）。

表2-2　附合水准路线计算

测段号	点名	测站数	观测高差/m	改正数/m	改正后高程/m	高差/m	备注
1	2	3	4	5	6	7	8
1	BM_1	8	+8.364	−0.014	+8.350	39.833	
	1					48.183	
2		3	−1.433	−0.005	−1.438		
	2					46.745	
3		4	−2.745	−0.007	−2.752		
	3					43.993	
4		5	+4.661	−0.008	+4.653		
	BM_2					48.646	
Σ		20	+8.847	−0.034	+8.813		
辅助计算	$f_h = +0.034\text{m}$ $f_{h容} = \pm12\sqrt{20}\text{mm} = \pm54\text{mm}$						

如上所述，闭合水准路线的计算方法除高差闭合差的计算有所区别外，其余与附合路线的计算完全相同。

支水准路线计算时，一般取往测和返测高差绝对值的平均值作为测段的高差，其符号与往测相同，然后根据起始点高程和各段平均高差推算各待定点高程。

任务三 DS3 型微倾式水准仪的检验和校正

任何一种测量仪器都有其主要轴线。为了保证仪器的正常使用和精度要求，各轴线之间应满足必要的几何条件。所谓检验，就是逐一检定这些几何条件是否满足，如有不满足，采取相应的措施使其满足，就是校正。

一、DS3 型微倾式水准仪的主要轴线及其应满足的几何条件

如前所述，DS3 型水准仪的主要轴线有望远镜视准轴 CC、水准管轴 LL、圆水准轴 $L'L'$，此外还有仪器的竖轴 VV——望远镜下方金属管轴的中心线（图 2-19）。它们之间应满足以下几何条件：

（1）圆水准轴平行于仪器的竖轴，即 $L'L' \parallel VV$。

（2）十字丝横丝垂直于竖轴，即十字丝横丝 $\perp VV$。

（3）水准管轴平行于视准轴，即 $LL \parallel CC$。比较而言，这一条件对保证水准测量的精度尤其重要，因此，又称为水准仪应满足的主要条件。

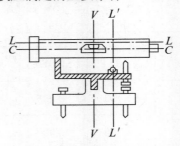

图2-19 水准仪的主要轴线关系

二、DS3 型微倾式水准仪的检验和校正

（一）圆水准轴的检验和校正

1．检验目的

使圆水准轴 $L'L'$ 平行于仪器竖轴 VV。圆水准器是用来粗略整平仪器的，如图 2-20 所示。粗略整平仪器，不仅仅是使圆水准气泡居中，主要应使仪器的竖轴竖直，这一要求只有在满足圆水准轴平行于仪器竖轴的前提下才能达到。

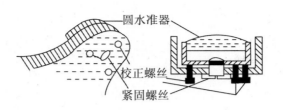

图2-20　圆水准器校正设备

2．检验方法

　　首先，转动 3 个脚螺旋，使圆水准气泡居中，此时圆水准轴 $L'L'$ 处于竖直位置。然后，将望远镜旋转 180°，如果气泡仍然居中，说明仪器竖轴 VV 与 $L'L'$ 平行，如图 2-21（a）所示；如果气泡不再居中，说明 VV 与 $L'L'$ 不平行，两轴之间存有偏角 δ，在望远镜旋转 180° 之后，圆水准轴不仅不竖直，而且与铅垂线之间产生偏角为 2δ（图 2-21（b）），气泡的偏移量，正是该偏角 2δ 的等效反映。

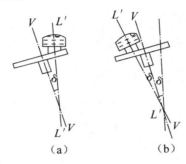

图2-21　圆水准轴检验

3．校正方法

　　竖轴和圆水准轴不平行，主要是由于圆水准器底部的 3 个校正螺丝（图 2-20）有所松动或磨损，造成圆水准器周边不等高，致使圆水准轴偏移正确位置之故。校正时，首先将圆水准器底部中间的固定螺丝旋松，用校正针拨动校正螺丝，使气泡向居中位置返回偏移量的一半如图 2-22（a）所示，此时圆水准轴与竖轴之间的偏角 δ 已得到改正，两轴即平行。然后再用脚螺旋整平，使圆水准气泡居中，竖轴即与圆水准轴同时恢复竖直位置如图 2-22（b）所示。校正工作一般需反复进行，直到仪器旋转到任何位置，圆水准气泡均居中为止。校正完毕后注意拧紧固定螺丝。

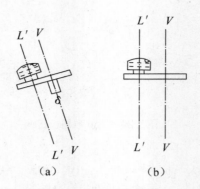

图 2-22　圆水准轴校正

（二）十字丝横丝的检验和校正

1. 检验目的

使十字丝横丝垂直于仪器竖轴 VV。十字丝中横丝用于对标尺进行读数。只有满足该条件，才能在仪器整平后使十字丝横丝保持水平，从而使得标尺读数的精度有所保证。

2. 检验方法

首先用望远镜中横丝一端对准某固定点 A，如图 2-23（a）所示，旋紧制动螺旋，转动微动螺旋，使望远镜左右移动。若此时 A 点影像不偏离横丝，说明横丝水平，即条件满足；若偏离横丝，如图 2-23（b）所示，说明条件不满足，需要校正。

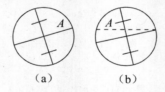

图2-23　十字丝横丝的检验

3. 校正方法

拧开护盖，用螺丝刀旋松十字丝分划板固定螺丝（图 2-24），轻转分划板座，使 A 点对中横丝的偏离量减少一半，即使横丝恢复水平位置。同样这一工作亦需反复进行，最后再拧紧固定螺丝和护盖。

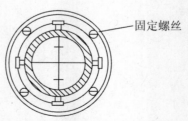

图 2-24　十字丝分划板校正设备

（三）水准管轴的检验和校正

1. 检验目的

使水准管轴 LL 平行于望远镜视准轴 CC。水准仪的主要功能是精确提供一条水平视线，而视线是否水平是以管水准器的气泡是否居中作为参照的。显然，只有在满足望远镜视准轴平行于水准管轴这一主要条件下，该功能才得以实现。

2. 检验方法

水准仪的望远镜视准轴 CC 与水准管轴 LL 应保持平行。如不平行，二者之间存在偏角 i，当管水准器气泡居中后，视线即倾斜，从而使标尺读数产生误差 Δ，这一误差称为水准仪的 i 角误差（图2-25）。设仪器到标尺的距离为 D，则 i 角误差可以式（2-13）计算：

$$\Delta = \frac{i'' \times D}{\rho''} \tag{2-13}$$

式中，$\rho'' = 206\,265''$。

由式（2-13）见，i 角误差既与 i 角大小相关，也和距离 D 成正比。在 i 角不变的情况下，D 越长，i 角对标尺读数的影响越大；反之，影响越小。根据这一规律，可得该项误差的检验方法和计算公式的推导如下：

在检验场地选择 $J1$，A，B，$J2$ 四点，总长 61.8m，分为三等份，即 $J1 \sim A = A \sim B = B \sim J2 = S = 20.6$m（图2-25）。设置 S 为 ρ'' 的可约数，可利于计算。在 A，B 点放置尺垫，以便竖立标尺；在 $J1$，$J2$ 点做标记，以便安置仪器，然后实施以下步骤：

（1）在 $J1$ 点安置水准仪，依次照准 A，B 点水准尺，仪器精平，各尺读数 4 次，分别取平均得 a_1 和 b_1，设 $i=0$ 时水平视线在二尺上的正确读数为 a_1 和 b_1，则 a_1 和 b_1 所含的读数误差分别为 Δ 和 2Δ。

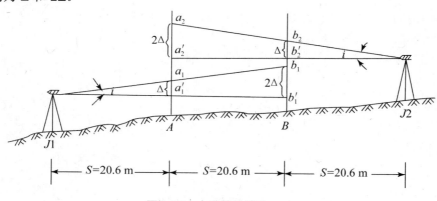

图2-25　水准管轴检验

（2）在 $J2$ 点安置水准仪，依次照准 A，B 点水准尺，仪器精平，各尺读数四次，分别取平均得 a_2 和 b_2，设 $i=0$ 时水平视线在二尺上的正确读数为 a_2 和 b_2，则 a_2 和 b_2 所含的读数误差分别为 2Δ 和 Δ。

（3）测站 $J1$ 和 $J2$ 所得 $A \sim B$ 的正确高差分别为：

$$h_1' = a_1' - b_1' = (a_1 - 2\Delta) - (b_1 - 2\Delta) = a_1 - b_1 + \Delta \tag{2-14}$$

$$h_2' = a_2' - b_2' = (a_2 - 2\Delta) - (b_2 - 2\Delta) = a_2 - b_2 + \Delta \tag{2-15}$$

在不顾及其他误差影响的情况下，应有 $h_1=h_2$，所以由式（2-14）和式（2-15）即可得：

$$\Delta = \frac{(a_2 - b_2) - (a_1 - b_1)}{2} \tag{2-16}$$

由图 2-25 可见，

$$\Delta = i''S \cdot \frac{1}{\rho''}$$

即有：

$$i'' = \frac{\rho''}{S} \cdot \Delta$$

由于 S=20.6m=20 600mm，ρ''=206 265″则有：
$$i'' \approx 10\Delta \tag{2-17}$$

式中：Δ 按式（2-16）计算，单位为 mm。

若 $i > \pm 20''$，即需进行校正。

3. 校正方法

视准轴和水准管轴不平行，主要是由于管水准器一端的上下校正螺丝有所松动或磨损，造成管水准器两端不等高，致使二轴间存在偏角之故。

校正在测站 $J2$ 按以下步骤进行：

（1）算此时 A 点水准尺应有的正确读数 a_2'：
$$a_2' = a_2 - 2\Delta$$

（2）转动仪器的微倾螺旋，使 A 点标尺的读数由数 a_2 改变为正确读数 a_2'。此时，视准轴已水平，但管水准气泡不再符合。

（3）用校正针拨动管水准器上、下校正螺丝（图 2-26），松上紧下或松下紧上，使气泡符合，视准轴与水准管轴即恢复平行。

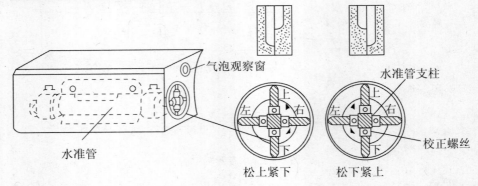

气泡观察窗

水准管支柱

水准管

校正螺丝

松上紧下　　松下紧上

图2-26　管水准器的校正

之后，应检查 B 点标尺此时的读数是否变为正确读数 $b_2'=b_2-\Delta$，以便对校正的效果加以验证。校正应反复进行，直至 i 角误差符合要求为止。

任务四 水准测量的误差分析

水准测量误差一般由仪器误差、观测误差和外界条件影响的误差三方面构成。分析误差产生的原因，寻找削减误差的措施，将有助于提高水准测量的精度。

一、仪器误差

（一）剩余的 i 角误差

i 角误差即水准仪的水准管轴与视准轴不平行产生的误差。虽经检验校正，难以完全消除。因为 i 角误差的大小与距离 D 成正比，所以观测时注意将仪器安置于前、后视距大致相等处，即可消除 i 角误差对测站高差的影响。

（二）水准尺误差

水准尺误差系由水准尺的尺长发生变化或尺面刻划及尺底零点不准确等产生的误差。事先应对尺长和尺面刻划加以检验，而对零点误差，可采用每一测段测站数均为偶数的方法加以消除。

二、观测误差

（一）整平误差

DS3 型水准仪符合水准器的整平误差约为 $\pm 0.0757\tau''$（τ'' 为水准管分划值），则在尺上产生的误差为

$$m_{平} = \pm \frac{0.075\tau''}{\rho''} D \qquad (2\text{-}18)$$

式中：DS3 水准仪 $\tau''=20''$；

D——视距，一般水准测量 $D=100m$；

$\rho''=206\ 265''$。代入式（2-18）可得一般水准测量因整平造成的读数误差约为 $\pm 0.73mm$。由此可见，观测时后视尺与前视尺读数之前均要用微倾螺旋使管水准气泡符合，但由后视转为前视时，不能再旋转脚螺旋，以防改变仪器高度。此外，晴天观测应撑伞保护仪器，避免水准器被暴晒。

（二）照准误差

人眼分辨率的视角通常小于 60″，当用望远镜照准标尺时，在尺上产生的照准误差为

$$M_{照} = \frac{60''}{V\rho''}D \qquad (2\text{-}19)$$

式中：V——望远镜的放大倍率，DS3 水准仪 $V=25$ 倍；

$\quad D=100\text{m}$；

$\quad \rho''=206\,265''$。代入式（2-19）可得一般水准测量因照准造成的读数误差约为 $\pm1.16\text{mm}$，可见视线不宜过长。

（三）估读误差

水准尺读数时，最后毫米位需估读，其误差与十字丝的粗细、望远镜的放大倍率及视线的长度有关。使用 DS3 水准仪，视距为 100m 时，估读误差约为 $\pm1.5\text{mm}$。各等级水准测量对仪器的望远镜放大倍率和视线的极限长度都有具体的规定，应遵照执行。阴天成像不清晰，也会使读数误差增大，应注意避免。

（四）水准尺倾斜误差

水准尺倾斜将使读数增大（图 2-27），若倾斜角为 $3°$，尺上 1m 处的读数会增大 2mm，视线离地面越高，该项误差越大。因此水准尺一定要注意直立。

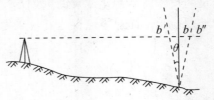

图2-27　水准尺倾斜误差

三、外界条件影响的误差

（一）仪器下沉的误差

土壤的松软和仪器的自重可能引起仪器的下沉，使观测视线降低，从而给测量成果带来误差。如图 2-28 所示，设后视完毕转向前视时，仪器下沉 Δ_1，即使前视读数 b_1 小了 Δ_1。若再进行第二次测量，先前视再后视从前视转向后视时，仪器下沉 Δ_2，又使后视读数 a_2 小了 Δ_2。假设仪器的下沉与时间成正比，即 $\Delta_1 \approx \Delta_2$，取两次测得高差的平均值，便可削弱该项误差的影响。因此在等级水准测量中（或在使用"双面尺法"进行测站校核时），采用"后视黑面—前视黑面—前视红面—后视红面"的顺序进行观测，就是为了使仪器下沉对黑、红面高差造成的影响符号相反，取平均加以抵消。安置仪器时注意将脚架尽量于地面踩实，亦将有利于减少该项误差的产生。

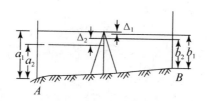

图2-28　仪器下沉的误差

（二）尺垫下沉的误差

在松软的土壤上设置转点，标尺的自重也可能引起尺垫下沉，使下一测站的后视读数增大，亦会造成误差。尺垫下沉的影响一般可以通过整条路线往返观测取平均的方法加以消除，自然在转点上，亦应注意将尺垫踩实。

（三）地球曲率和大气折光的误差

在前文中已经论述，在用水平面代替水准面进行高程测量时，即使视距较短，也会受到地球曲率的影响，产生的误差称为地球曲率差c。此外，地面上不同高度的气温不一致，造成大气的密度不同，致使光线通过不同密度的大气层时产生折射，也会使得水准仪本应水平的视线成为一条曲线，由此产生的误差称为大气折光差r。由图 2-29 可见，这两项误差及其联合影响$f = c - r$的大小均与距离成正比，因此将仪器安置在前、后视距相等处进行观测，亦可使它们的影响基本消除。

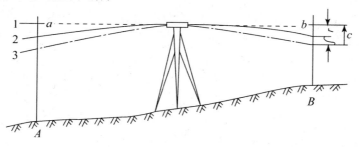

图2-29　地球曲率与大气折光的误差

1-水平视线；2-折光后视线；3-与大地水准面平行的线

（四）温差的影响

晴天温差变化大，不仅会产生大气折光，使管水准气泡偏移，还容易形成气流跳动，给照准和读数带来不利影响。因此，观测时应注意使用测伞，避免阳光直接照射仪器，中午前后阳光强烈时应停止观测。

任务五　自动安平水准仪

用普通水准仪进行水准测量，每次读数前都必须使管水准器气泡严格居中，既费时间，又可能因忘却气泡居中而给读数造成失误。自动安平水准仪设计有自动安平补偿器，用以替换管水准器和微倾螺旋。观测时，只须粗略整平仪器使圆水准气泡居中，通过补偿器的自动安平作用，即能得到视线水平时的正确读数，从而避免了普通水准仪的缺点。下面以 DSZ3 型自动安平水准仪为例，介绍其构造原理和使用方法。

一、自动安平水准仪的原理

图 2-30 为 DSZ3 型自动安平水准仪的外形和结构示意图。其补偿器由一套安装在十字丝分划板和对光螺旋之间的棱镜组构成。其上方的屋脊棱镜固定在望远镜镜筒内，中间用交叉的金属丝吊挂着两个直角棱镜，吊挂棱镜在重力作用下，能与望远镜做相对偏转，下方设置有空气阻尼器，用于使悬挂的棱镜尽快停止摆动。

设仪器的视准轴水平时（图 2-31），水平视线进入望远镜到达十字丝交点所在位置 K'，得到标尺正确的读数 a_0。当视线倾斜一个小的 α 角后，十字丝交点亦随之移动距离 d 至 K 处，装置补偿器的作用就是使进入望远镜的水平光线经过补偿器后偏转一个 β 角，恰好通过十字丝交点 K，即在十字丝交点处仍然能读到正确的读数。由此可知，补偿器的作用就是使水平光线经过补偿器发生偏转，而偏转角的大小，刚好能够补偿视线倾斜所引起的读数偏差。

因 α，β 角都很小，由图 2-31 可知：

$$f\alpha = s\beta \tag{2-20}$$

即

$$\frac{f}{s} = \frac{\beta}{\alpha} = n \tag{2-21}$$

式中：f——物镜和对光透镜的组合焦距；

　　　s——补偿器至十字丝分划板的距离；

　　　α——视线的倾斜角；

　　　β——水平光线通过补偿器后的偏转角；

　　　n——β 与 α 的比值，称为补偿器的放大倍率。

仪器设计时，只要满足式（2-21）之关系，即可达到补偿目的。

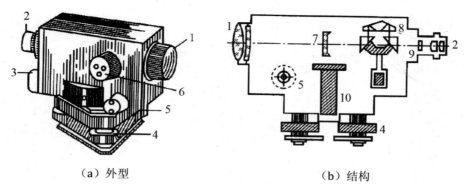

（a）外型　　　　　　　　　　（b）结构

图2-30　自动安平水准仪

1-物镜；2-目镜；3-圆水准器；4-脚螺旋；5-微动螺旋；6-对光螺旋；

7-调焦透镜；8-补偿器；9-十字丝分划板；10-竖轴

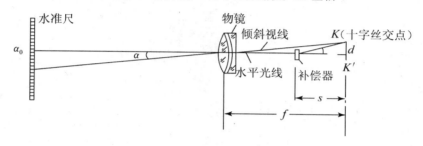

图2-31　自动安平水准仪原理

二、自动安平水准仪的使用

使用自动安平水准仪进行水准测量时，先用脚螺旋使圆水准气泡居中，再用望远镜照准水准尺，即可读数。有的仪器装有揿钮，具有检查补偿器功能是否正常的作用。按下揿钮，轻触补偿器，待补偿器稳定后，看标尺读数有无变化。如无变化，说明补偿器正常。若无揿钮装置，可稍微转动脚螺旋，如标尺读数无变化，同样说明补偿器作用正常。此外，在使用仪器前，还应重视对圆水准器的检验校正，因为补偿器的补偿功能有一定限度。若圆水准器不正常，致使气泡居中时，仪器竖轴仍然偏斜，当偏斜角超过补偿功能允许的范围，将使补偿器失去补偿作用。

任务六　精密水准仪

高等级的水准测量或精密工程测量（如大型建筑的变形监测、大型精密设备的安装）中，往往需要使用精密水准仪。传统的精密水准仪有 DS05、DS1 型水准仪及精密自动安平水准仪，新型的有电子水准仪等。下面予以简要介绍。

一、DS1 型水准仪

（一）DS1 型水准仪的构造特点

图 2-32 为 DS1 型水准仪的外形，其构造与 DS3 型水准仪基本相同，区别主要有：一是望远镜的放大倍率增大到 40 倍，物镜的有效孔径为 50mm，以提高照准精度；二是水准管分划值减小至 10″/2mm，以提高整平精度；三是装有光学测微系统，其测微尺上刻有 100 个分划，通过光路放大后正好与水准尺上 1 个分划（1cm 或 5mm）相对应，因而最小读数为 0.1mm 或 0.05mm（估读至 0.01mm 或 0.005mm），读数精度明显提高；四是将十字丝中横丝的半段改用楔形丝（参见图 2-34），用于夹准水准尺刻划线，以提高读数精度。

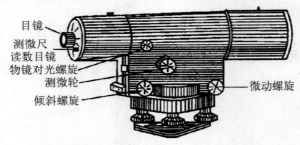

目镜
测微尺
读数目镜
物镜对光螺旋
测微轮
倾斜螺旋
微动螺旋

图2-32　DS1型精密水准仪

（二）精密水准尺

精密水准仪均配有精密水准尺。精密水准尺的木质竖槽内一般装有因瓦合金带，所以又称为因瓦水准尺。因瓦受温度的影响很小，可以在温差变化较大时，仍然保持尺长的稳定。精密水准尺有基辅分划尺和奇偶分划尺两种。基辅分划尺如图 2-33（a）所示，有两排分划，格值均为 10mm。左面一排为基本分划，注记从 0～300cm，底部为 0.000m；右面一排为辅助分划，注记从 300～600cm，底部为 3.0155m，即水准尺同一高度的基辅差 K（又称尺常数）为 3.0155m。奇偶分划尺如图 2-33（b）所示，亦有两排分划。左面一排为奇数值，仅注记分米数；右面一排为偶数值，仅注记米数，两边分米的起始处均以长三角形标注，而半分米处则以小三角形表示。因该尺两排分划间隔的实际值即分格值为 5mm，但注记值均为 1cm，即尺面注记长为实际长的 2 倍，所以由该尺观测所得读数和高差均须除以 2，才是其实际值。

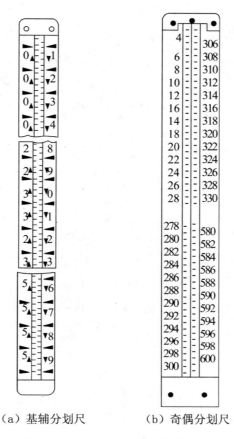

（a）基辅分划尺　　　　（b）奇偶分划尺

图2-33　精密水准尺

（三）精密水准仪的使用

精密水准仪的使用步骤如下：

（1）安置仪器，转动脚螺旋使圆水准气泡居中。

（2）用望远镜照准水准尺，转动微倾螺旋，使符合气泡严格居中。

（3）转动测微轮，使十字丝分划板的楔形丝准确夹住水准尺上基本分划的一条刻划，如图 2-34 中 1.48m 一线，接着在望远镜内的测微尺影像上读出尾数 0.734cm，最后读数即为 1.48m+0.734cm＝1.48734m。辅助分划的读数方法与此相同。

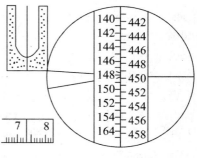

读数为（148+0.734）cm＝148.734cm

图2-34　测微器的读数方法

二、精密自动安平水准仪

精密自动安平水准仪如图 2-35 所示。与一般卧式水准仪不同，其外形常采用直立圆筒状。这样的外形有助于提高视线，减小地面折光的影响。望远镜的放大倍率为 32 倍，物镜的有效孔径为 40mm，圆水准器的分划值为 8′/2mm，自动安平补偿器的最大工作范围为 ±10′，当圆水准气泡偏离中央小于 2mm 时，补偿器即可实现正确补偿。该仪器测微器的量测范围为 5mm，与之配套的因瓦水准尺的分格值亦为 5mm，但所有分划注记比实际数值放大一倍，标尺的基辅差为 6.065m。由于注记放大了一倍，所以用这种水准尺观测得的读数和高差也必须除以 2 才是其实际值。

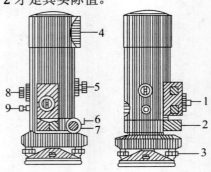

图2-35　精密自动安平水准仪

1-测微器；2-圆水准器；3-脚螺旋；4-保护玻璃；5-调焦螺旋；6-制动扳手；

7-微动螺旋；8-望远镜目镜；9-水平度盘读数目镜

三、数字水准仪

数字水准仪是一种新型的电子智能化水准仪。其望远镜中装置了一个由光敏二极管构成的行阵探测器。与之配套的水准尺为因钢三段插接式双面分划尺，每段长 1.35m，总长4.05m，两面刻划分别为二进制条形码和厘米分划。条形码供数字水准仪电子扫描用，厘米分划仍用于光学水准仪的观测读数。数字水准仪观测时，行阵探测器将水准尺上的条形码图像用电信号传送给微处理机，经处理后即可得到水准尺上的水平读数和仪器至标尺的水平距离，并以数字形式显示于窗口或存储在计算机中。同时，仪器也装有自动安平装置，具有自动安平功能。图 2-36 为数字水准仪外型，图 2-37 为水准尺的条形编码示意图。数字水准仪一般每千米往返观测高差的中误差为 ±（0.3~1.0mm）；测距精度为 0.5×10⁻⁶~1.0×10⁻⁶；测程长为 1.5~100m。数字水准仪使用时均有菜单提示，具有速度快、精度高、数据客观、使用方便等优点，有利于实现水准测量的自动化和科学化，适用于高等级的快速水准测量、大型工程的自动沉降观测及特种精密工业测量。

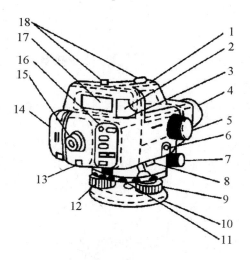

图2-36　数字水准仪

1-提柄；2-水准器观测窗；3-圆水准器；4-物镜；5-对光螺旋；6-测量键；7-水平微动螺旋；

8-数据输出插口；9-脚螺旋；10-底板；11-水平度盘设置环；12-水平度盘；

13-分划板校正螺丝及护盖；14-电池盒；15-目镜；16-键盘；

17-显示屏；18-粗瞄器

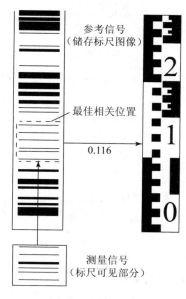

参考信号
（储存标尺图像）

最佳相关位置

0.116

测量信号
（标尺可见部分）

图2-37　条形编码水准尺

项目小结

（1）水准测量的原理。利用水准仪提供的水平视线，测定地面两点之间的高程，进而求得未知点的高程。

（2）DS3 型微倾式水准仪的组成及使用。DS3 型微倾式水准仪主要由望远镜、水准器及基座 3 部分组成，使用分粗平、照准、精平、读数 4 个步骤。

（3）一般水准测量的外业和内业。水准测量的路线形式有附合水准路线、闭合水准路线和支水准路线。每条路线分若干测段，每个测段又由若干测站组成。水准测量的内业主要包括高差闭合差的计算和调整及未知点高程的计算。

（4）微倾式水准仪的检验和校正。水准仪应满足的 3 项条件有圆水准轴应平行于仪器的竖轴；十字丝横丝应垂直于竖轴；水准管轴应平行于视准轴，其中第 3 项为主要条件。水准管轴与视准轴之偏角为水准仪的 i 角误差。在测站中应使仪器到前视尺和后视尺的距离大致相等，目的就是为了消除 i 角误差对测站高差的影响。在水准仪的 3 项检验校正中，重点应掌握最后一项，即 i 角误差的检校方法。

课后训练

一、填空题

1．水准测量的基本原理是利用水准仪_____，测定地面两点之间的_____，推算_____。

2．水准仪的使用步骤包括_____、_____、_____和_____。瞄准前，先进行目镜对光是为了_____，再进行物镜对光是为了_____。视差是指_____，可以通过_____以消除视差。在后视、前视中丝读数前都必须精平，其目的是_____。

3．_____称为竖轴（英文字母），_____称为圆水准轴（英文字母），_____称为水准管轴（英文字母），_____称为视准轴（英文字母），它们之间应满足的几何条件包括（1）_____（2）_____（3）_____

4．水准仪的 i 角误差是指_____，它对标尺读数的影响_____，根据这一规律，可以采用_____的方法，消除 i 角误差对测站高差的影响。

5．水准测量的路线有_____、_____和_____等形式_____。f_h 称为水准测量路线的高差闭合差。附合路线的 $f_h=$_____；闭合路线的 $f_h=$_____，高差闭合差调整的原则是在丘陵山区_____，在平原地区_____。

二、练习题

1．已知后视点的高程为 66.429m，其上水准尺的读数为 2.312m，前视点中的水准尺读数为 2.628m，问高差 h_{AB} 是多少?A，B 两点哪一个高?B 点高程是多少?试绘图说明。

2．运用任务三中介绍的水准管轴检验校正方法，在 J1 点安置水准仪对 A，B 二尺读数分别为 $a_1=1.780m$、$b_1=1.472m$，在 J2 点安置水准仪对 A，B 二尺读数分别为 $a_2=1.795m$，$b_2=1.493m$，试问该水准仪是否存在 i 角误差?如存在，视准轴是向上倾斜，还是向下倾斜?应如何校正?

3．已知水准点 BMA 高程为 12.648m. 闭合水准路线计含 4 个测段（图 2-38），各段测站数和高差观测值如下所列。按表 2-3 完成其内业计算。

段号观测高差/m　测站数

（1）　　$h_1=+1.240$　　5

（2）　　$h_2=-1.420$　　4

（3）　　$h_3=+1.787$　　6

（4）　　$h_4=-1.582$　　10

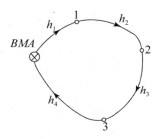

图2-38　第3题附图

表2-3　闭合水准路线计算

测段号	点名	测站数	观测高差/m	改正数/m	改正后高差/m	高程/m	备注
1	2	3	4	5	6	7	8
Σ							
辅助计算	$f_h=$ $f_{h容}=$						

三、思考题

1．水准仪主要由哪几部分组成?各有什么作用?什么是望远镜的放大倍率?什么是水准管分划值?

2．什么是水准点?什么是转点?尺垫起什么作用?什么点上才用尺垫?水准点上要用尺垫吗？

3．水准仪主要轴线之间应满足的几何条件各起什么作用？

4．水准仪的检验和校正包括哪些内容？各项检验和校正的具体方法如何？

5．水准测量外业中有哪些测站检核和计算检核？

6．水准测量有哪些主要误差？观测过程中要注意哪些事项？

7．自动安平水准仪的原理是什么？使用时应注意什么？

8．什么是测段？水准测量内业计算为何以测段为单位？高差闭合差的容许值为何有两种计算公式？高差闭合差调整的原则是什么？简述水准测量内业计算的步骤和具体内容。

9．附合水准路线和闭合水准路线的内业计算有何区别？

项目三　角度测量

任务目标

能够使用普通经纬仪，进行水平角测量和竖直角测量的观测、记录和计算。

情景导入

小张是一名建筑公司的工程师，他在施工过程中，使用 J6 经纬仪按测回法测水平角，观测数据如下图所示，然后按下表进行记录和计算，请说明他的这种记录和计算方法是否符合要求？

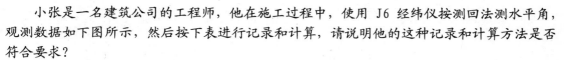

经纬仪测量图

水平角观测数据（测回法）

测站	目标	竖盘位置	水平度盘读数/ 。′″	半测回角值/ 。′″	一测回角值/ 。′″	备注

任务一　角度测量的原理

使用经纬仪进行角度测量是一种基本的测量工作。角度测量包括水平角测量和竖直角测量。水平角是确定点的平面位置的基本要素之一，而竖直角可用于间接确定点的高程或将斜距化为平距。

53

一、水平角测量原理

设 A，O，B 为地面上任意三点，过 OA，OB 分别作竖直面与水平面相交，得交线 oa，ob，其间的夹角 β 就是 OA，OB 两个方向之间的水平角（图 3-1），即水平角是空间任两方向在水平面上投影之间的夹角，取值范围为 0°～360°。

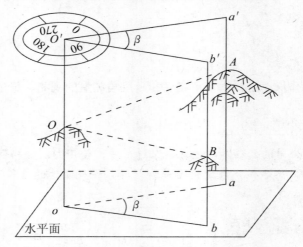

图3-1　水平角测量原理

经纬仪之所以能用于测量水平角，是因为其中心可安置于过角顶点的铅垂线上，并有望远镜照准目标，还有作为投影面且带有刻度的水平度盘。安置经纬仪于地面 O 点，转动望远镜分别照准不同的目标（如 A，B 两点），就可以在水平度盘上得到方向线 OA，OB 在水平面上投影的读数 a，b，由此即得 OA，OB 之间的水平角 β 为：

$$\beta = b - a \tag{3-1}$$

二、竖直角测量原理

设在 O 点安置仪器，使望远镜照准某目标得到目标方向，通过望远镜中心又有水平方向，其间的夹角 α 就是该目标的竖直角（图 3-2），即竖直角是同一竖直面内水平方向转向目标方向的夹角。目标方向高于水平方向的竖直角称为仰角，α 为正值，取值范围为 0°～+90°；目标方向低于水平方向的竖直角称为俯角，α 为负值，取值范围为 0°～-90°。同一竖直面内由天顶方向（即铅垂线的反方向）转向目标方向的夹角则称为天顶距，其取值范围为 0°～+180°（无负值）。全站仪的角度测量中常以天顶距测量代替竖直角测量。

经纬仪之所以能用于测量竖直角，是因为装有和望远镜一道转动的竖直度盘，能对竖直面上的目标方向进行读数，同时在竖直度盘上刻有水平方向的读数（一般为 90°或 270°）。所以在竖直角测量时，只要照准目标，读取竖盘读数，就可以通过计算得到目标的竖直角。

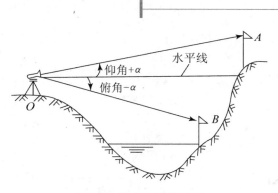

图3-2　竖直角测量原理

任务二　普通光学经纬仪的组成及使用

经纬仪按构造原理的不同分为光学经纬仪和电子经纬仪；按其精度由高到低又分为 DJ07，DJ1，DJ2 和 DJ6 等级别，其中"D"为大地测量仪器的总代码，"J"为"经纬仪"汉语拼音的第一个字母，后面的数字 07，1，2，6 是指该经纬仪所能达到的一测回方向观测中误差（单位为秒）。本任务主要介绍 DJ6 型光学经纬仪。

一、普通光学经纬仪的组成

各种光学经纬仪的组成基本相同，以 DJ6 型光学经纬仪为例，外型如图 3-3（a）所示，其构造主要由照准部、水平度盘和基座 3 部分组成（图 3-3（b））。

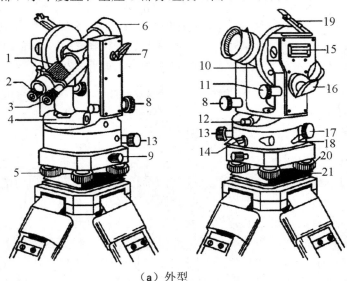

（a）外型

1-对光螺旋；2-目镜；3-读数显微镜；4-照准部水准管；5-脚螺旋；6-望远镜物镜；7-望远镜制动螺旋；

8-望远镜微动螺旋；9-中心锁紧螺旋；10-竖直度盘；11-竖盘指标水准管微动螺旋；
12-光学对中器目镜；13-水平微动螺旋；14-水平制动螺旋；15-竖盘指标水准管；
16-反光镜；17-度盘变换手轮；18-保险手柄；19-竖盘指标水准管反光镜；
20-托板；21-压板

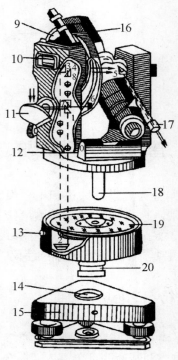

（b）内部构造

1，2，3，5，6，7，8-光学读数系统棱镜；4-分微尺指标镜；9-竖直度盘；10-竖盘指标水准管；
11-反光镜；12-照准部水准管；13-度盘变换手轮；14-轴套；15-基座；16-望远镜；
17-读数显微镜；18-内轴；19-水平度盘；20-外轴

图3-3　DJ6型光学经纬仪

（一）照准部

照准部是经纬仪上部可以旋转的部分，主要有竖轴、望远镜、竖直度盘、水准管、读数系统及光学对中器等部件。竖轴是照准部的旋转轴，由照准部制动螺旋和微动螺旋控制照准部在水平方向的旋转；望远镜制动螺旋和微动螺旋控制望远镜在竖直方向的旋转，同时调节目镜调焦螺旋和物镜对光螺旋，就可以照准任意方向、不同高度的目标，使其成像到望远镜的十字丝平面上；竖直度盘用于测量竖直角，旋转竖盘指标水准管微动螺旋，使指标水准管气泡居中，即可使竖盘指标线位于固定位置；照准部水准管用于整平仪器；读数系统由一系列光学棱镜组成，用于通过读数显微镜对同时显示在读数窗中的水平度盘和竖直度盘影像进行读数；光学对中器则用于安置仪器使其中心和测站点位于同一铅垂线上。

（二）水平度盘

水平度盘是一个光学玻璃圆环，其上顺时针刻有 0°～360°的刻划线。当仪器整平后，水平度盘就构成水平投影面，用于测量水平角。水平度盘和照准部是分离的，当照准部转动时，它固定不动，但可通过旋转水平度盘变换手轮（或复测扳手）使其改变到所需要的位置。

（三）基座

基座的轴套可以插入仪器的竖轴，旋紧轴座固定螺旋固紧照准部，即可使基座对照准部和水平度盘起到支撑作用，并通过中心连接螺旋将经纬仪固定在脚架上。基座上有 3 个脚螺旋，用于整平仪器。

二、普通光学经纬仪的读数方法

（一）DJ6 型光学经纬仪的分微尺读数法

DJ6 型光学经纬仪的读数系统中装有一分微尺，如图 3-3（b）之 4。水平度盘和竖直度盘的格值都是 1°，而分微尺的整个测程正好与度盘分划的一个格值相等，又分为 60 小格，每小格 1′，估读至 0.1′。分微尺的零线为指标线。读数时，首先读取分微尺所夹的度盘分划线之度数，再依该度盘分划线在分微尺上所指的小于 1°的分数，二者相加，即得到完整的读数。如图 3-4 所示，读数窗中上方 H 为水平度盘影像，读数为：

115°+54.0′=115°54′00″

读数窗中下方 V 为竖直度盘影像，读数为：

78°+05.1′=78°05′06″

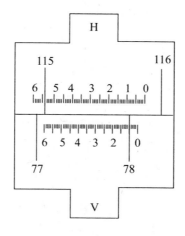

图3-4　分微尺读数

（二）DJ2 型光学经纬仪的对径分划线符合读数法

DJ2 型光学经纬仪的水平度盘和竖直度盘的格值均为 20′，秒盘的测程和度盘格值的一半即 10′相对应，分为 600 小格，每小格 1″，可估读至 0.1″。读数系统通过一系列棱镜的作用，将水平度盘和竖直度盘的影像分别投影到读数窗中（运用换像手轮使其轮换显示）。读数窗又各自分为 3 个小窗（图 3-5），上为度盘数字窗，左下为秒盘数字窗，右下为度盘对径两端相差 180°的分划线影像符合窗。图 3-5（a）所示为对径分划线符合前的影像，图 3-5（b）所示为对径分划线符合后的影像。当旋转测微手轮，使对径分划线由不符合图 3-5（a），过渡到符合图 3-5（b）之后，便可在其上方小窗内读到度盘上的度数（凹槽上的大数字）和 10′的倍数（凹槽内的小数字），在其左下小窗内读到秒盘上的个位分数和秒数（水平度盘和竖直度盘的读数方法相同）。图 3-5（b）所示读数为 150°00′+01′52.9″= 150°01′52.9′，图 3-5（c）所示竖直度盘读数为 74°50′+07′15.1″= 74°57′15.1″。

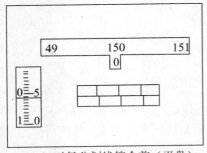

（a）对径分划线符合前（平盘）

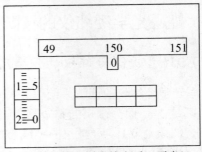

（b）对径分划线符合后（平盘）

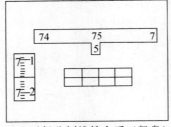

（c）对径分划线符合后（竖盘）

图3-5　对径分划线符合读数法

三、普通光学经纬仪的使用

在测站上安置经纬仪进行角度测量时，其使用分为对中、整平、照准、读数 4 个步骤。

（一）对中

对中就是安置仪器，使其中心和测站点标志位于同一条铅垂线上。可以利用垂球对中。先安放脚架，使其中心基本对准测站点标志，高度对观测者适宜，架头大致水平，然后安上经纬仪，旋上中心连接螺旋，挂上垂球。如垂球尖偏离标志较远，则平移脚架，使垂球尖靠近标志，再稍松中心连接螺旋，在架头上平移经纬仪，使垂球尖准确对准标志中心，再旋紧中心连接螺旋。仪器对中误差一般不应超过 2mm。

（二）整平

整平就是通过调节水准管气泡使仪器竖轴处于铅垂位置。粗略整平就是安置经纬仪时挪动架腿，使圆水准器气泡居中；精确整平则是先使照准部水准管与任两脚螺旋的连线平行，按照"左手法则"，旋转该两脚螺旋使照准部水准管气泡居中，如图 3-6（a）所示。再将照准部旋转 90°，旋转第三个脚螺旋，使气泡居中，如图 3-6（b）所示。反复操作，直至仪器旋转至任意方向，水准管气泡均居中为止。仪器整平误差一般不应使气泡偏离中心超过 1 格。

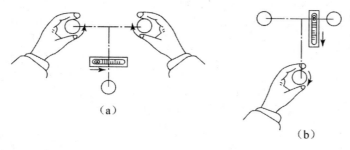

（a）

（b）

图3-6　经纬仪整平

新型的光学经纬仪装有光学对中器，见图 3-3（a）中 12，其视线经棱镜折射后与仪器的竖轴中心相重合。操作时，可以使仪器的对中和整平同时进行。先将仪器初步整平，中心大致对准测站点，旋转对中器目镜调焦螺旋，使分划板小圆圈清晰，再伸缩对中器小镜筒，使测站点标志清晰。通过旋转脚螺旋使测站点标志进入小圆圈中间。由于此时若再旋转脚螺旋调节水准管气泡，将使测站点标志偏离小圆圈，因此可以通过升降脚架三个架腿的高度使照准部水准管气泡在相互垂直的方向上均居中，即达到同时对中和整平的目的。

（三）照准

先松开照准部和望远镜的制动螺旋，将望远镜对向明亮的背景或天空，旋转目镜调焦螺旋，使十字丝清晰，然后转动照准部，用望远镜上的瞄准器对准目标，再通过望远镜瞄准，使目标影像位于十字丝中央附近，旋转对光螺旋，进行物镜调焦，使目标影像清晰，消除视差，最后旋转水平和望远镜微动螺旋，使十字丝竖丝单丝与较细的目标精确重合，如图 3-7（a）所示，或双丝将较粗的目标夹在中央，如图 3-7（b）所示。测量水平角时，应尽量照准目标的底部；测量竖直角时应以中横丝与目标的顶部标志相切，如图 3-7（c）。

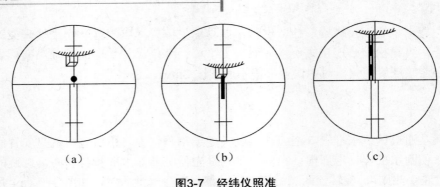

图3-7　经纬仪照准

（四）读数

调节反光镜的角度，旋转读数显微镜调焦螺旋，使读数窗影像明亮而清晰，按上述经纬仪的读数方法，对水平度盘或竖直度盘进行读数。在对竖直度盘读数前，应旋转指标水准管微动螺旋，使竖盘指标水准管气泡居中。

任务三　水平角测量

水平角测量常用的方法有两种，即测回法和方向观测法（又称全圆测回法）。前者适用于 2～3 个方向，后者适用于 3 个以上方向。一个测回由上、下两个半测回组成。上半测回用盘左，即将竖盘置于望远镜的左侧，又称正镜；下半测回用盘右，即倒转望远镜，将竖盘置于望远镜的右侧，又称倒镜。之后将盘左、盘右所测角值取平均，目的是为了消除仪器的多种误差。

一、测回法

设 A，O，B 为地面三点，为测定 O_A，O_B 两个方向之间的水平角 β，在 O 点安置经纬仪（图 3-8），采用测回法进行观测。

（一）操作步骤

1. 上半测回（盘左）

先瞄准左目标 A，得水平度盘读数 a_1（设为 $0°02'06''$），旋松水平制动螺旋，顺时针转动照准部瞄准右目标 B，得水平度盘读数 b_1（设为 $68°49'18''$），将二读数记入手簿（表 3-1），并算得盘左角值：

$$\beta_{左} = b_1 - a_1 = 68°49'18'' - 0°02'06'' = 68°47'12''$$

接着再旋松水平制动螺旋，倒转望远镜，由盘左变为盘右。

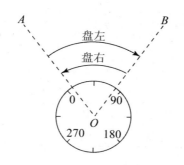

图3-8 测回法观测顺序

2. 下半测回（盘右）

先瞄准右目标 B，得水平度盘读数 b_2（设为 $248°49'30''$），逆时针转动照准部瞄准左目标 A，得水平度盘读数 a_2（设为 $180°02'24''$），将二读数记入手簿，并算得盘右角值：

$$\beta_右 = b_2 - a_2 = 248°49'30'' - 180°02'24'' = 68°47'06''$$

计算角值时，总是右目标读数 b 减去左目标读数 a，若 $b<a$，应加 $360°$。

3. 计算测回角值 β

$$\beta = \frac{\beta_左 + \beta_右}{2} = \frac{68°47'12'' + 68°47'06''}{2} = 68°47'09''$$

4. 其他

如果还需测第二个测回，则观测顺序同上，记录和计算见表3-1。

（二）注意事项

（1）同一方向的盘左、盘右读数大数应相差 $180°$。

（2）半测回角值较差的限差一般为 $\pm40''$。

（3）为提高测角精度，观测 n 个测回时，在每个测回开始即盘左的第一个方向，应旋转度盘变换手轮配置水平度盘读数，使其递增 $180°/n$。如 $n=2$，则各测回递增 $90°$，即盘左起始方向的读数之大数应分别为 $0°,90°$（见表3-1）。各测回平均角值较差的限差一般为 $\pm24''$。

表3-1 水平角观测手簿（测回法）

日期 天气			仪器 地点			观测 记录	
测站	目标	竖盘位置	水平度盘读/ ° ′ ″	半测回角值/ ° ′ ″	一测回角值/ ° ′ ″	各测回均值/ ° ′ ″
O （Ⅰ）	A	左	0　02　06	68　47　12	68　47　09	68　47　06
	B		68　49　18			
	A	右	180　02　24	68　47　06		
	B		248　49　30			

续表

测站	目标	竖盘位置	水平度盘读/°′″	半测回角值/°′″	一测回角值/°′″	各测回均值/°′″
O（Ⅱ）	A	左	90 01 36	68 47 06	68 47 03	
	B		158 48 42			
	A	右	270 01 48	68 47 00		
	B		338 48 48			

二、方向观测法（又称全圆测回法）

设在测站 O 点安置仪器，以 A，B，C，D 为目标，测定 D 点至每个目标之方向值及相邻方向之间的水平角，可采用方向观测法进行观测（图 3-9）。

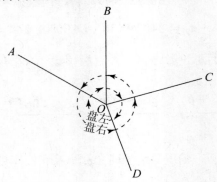

图3-9　方向观测法观测顺序

（一）操作步骤

1. 上半测回（盘左）

选定零方向（如为 A），将水平度盘配置在稍大于 0°00′的读数处，按顺时针方向依次观测 A，B，C，D，A 各方向分别读取水平度盘读数，并由上而下依次记入表 3-2 第 4 栏。观测最后再回到零方向 A（称为归零）。由于方向数较多，产生碰动仪器等粗差的可能性也较大，通过"归零"可以检查观测过程中水平度盘的位置有无变动。接着倒转望远镜，由盘左变为盘右。

2. 下半测回（盘右）

按逆时针方向依次观测 A，D，C，B，A 各方向（即仍要归零）读取水平度盘读数，并由下而上依次记入表 3-2 第 5 栏。

如果需要观测 n 个测回，同样应在每个测回开始即盘左的第一个方向，配置水平度盘读数使其递增 180°/n，其后仍按相同的顺序进行观测、记录（表 3-2）。

表3-2 水平角观测手簿（方向观测法）

日期　　　　　　　　　　仪器　　　　　　　　观测

天气　　　　　　　　　　地点　　　　　　　　记录

测回数	测站	照准点	盘左读数/°′″	盘右读数/°′″	2C /°′″	$\dfrac{L+R\pm180°}{2}$ /°′″	一测回归零方向值/°′″	各测回归零方向平均值/°′″	角值/°′″
1	2	3	4	5	6	7	8	9	10
1	O	A	06 0 01 00	18 180 01 18	−18	（0 01 12） 0 01 09	0 00 00	0 00 00	9 52 48
		B	91 54 00	271 54 06	−06	91 54 03	91 52 51	91 52 48	61 38 45 60 33 27
		C	153 32 36	333 32 48	−12	153 32 42	153 31 30	15 331 33	
		D	214 06 06	34 06 12	−06	214 06 09	214 04 57	21 405 00	
		A	0 01 12	180 01 18	−06	0 01 15			
2	O	A	18 90 01 12	30 270 01 24	−12	（90 01 24） 90 01 18	0 00 00		
		B	181 54 00	1 54 18	−18	181 54 09	91 52 45		
		C	243 32 54	63 33 06	−12	243 33 00	153 31 36		
		D	304 06 18	124 06 36	−18	304 06 27	214 05 03		
		A	90 01 24	270 01 36	−12	90 01 30			

3. 比较读数

分别对上、下半测回中零方向的两个读数进行比较，其差值称为半测回归零差，该值的限差列于表 3-3。若两个半测回的归零差均符合限差要求，便可进行以下计算工作。

表3-3 水平角方向观测法限差

仪器级别	半测回归零差	一测回内 2C 互差	同一方向值各测回互差
J2	12″	18″	12″
J6	18″	（无此项要求）	24″

（二）计算步骤

1．计算两倍视准轴误差（2C）

$$2C = 盘左读数 - （盘右读数 \pm 180°）\qquad\qquad (3\text{-}2)$$

每个方向的 2C 值填入表 3-2 第 6 栏。如果所算 2C 值仅为仪器的视准轴误差，则不同方向的 2C 值应相等；如果第 6 栏所示的 2C 互差较大，说明含有较多的观测误差。因此不同方向 2C 的互差大小，可用于检查观测的质量。如其互差超限（限差见表 3-3），则应检查原因，予以重测。

2．计算各方向的平均读数

$$平均读数 = \frac{盘左读数 + （盘右读数 \pm 180°）}{2}\qquad\qquad (3\text{-}3)$$

计算结果记入第 7 栏。因一测回中零方向有两个平均读数，应将该二数值再取平均，作为零方向的平均方向值，填入该栏上方的括号内，如表 3-2 中第 1 测回的（0°01′12″）和第 2 测回的（90°01′24″）。

3．计算归零后的方向值

将各方向的平均读数减去括号内的零方向平均值，即得各方向的归零方向值（以零方向 0°00′00″ 为起始的方向值），填入第 8 栏。

4．计算各测回归零后方向值之平均值

同一方向在每个测回中均有归零后的方向值，如其互差小于限差（表 3-3），则取其平均值作为该方向的最后方向值填入表 3-2 第 9 栏。

5．计算相邻目标间的水平角值

将表 3-2 中第 9 栏相邻两方向值相减，即得各相邻目标间的水平角值，填入表 3-2 第 10 栏。

任务四　竖直角测量

前已述及，竖直角（简称竖角）是同一竖直面内目标方向和水平方向之间的角值 α，其绝对值为 0°～90°。目标方向可通过竖直度盘（简称竖盘）读取读数，而水平方向的读数已刻在竖盘上。竖盘固定在横轴一端，随望远镜一道转动，竖盘指标线受竖盘指标水准管控制。过竖盘指标水准管圆弧表面零点的纵向切线称为竖盘指标水准管轴，指标水准管轴应垂直于竖盘指标线。在此前提下，当指标水准管气泡居中时，水平方向读数盘左为 90°，盘右为 270°（图 3-10）。

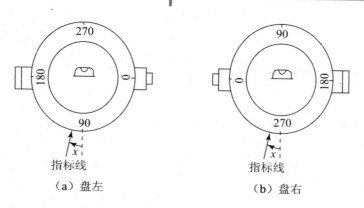

图3-10 望远镜水平时的竖盘读数

一、竖直角的计算与观测

（一）竖直角的计算

由于竖角测量只需对目标方向进行观测、读数，而水平方向读数为竖盘所固有，因此就需要通过公式将目标的竖角值计算出来。

设目标方向在水平方向之上，盘左、盘右的竖盘读数分别为 L（小于 90°）和 R（大于 270°）（图 3-11），而水平方向读数分别为 90° 和 270°（图 3-10），由于此时竖角为仰角（即 $\alpha > 0$），可知其计算公式为：

盘左：$$\alpha_L = 90° - L \tag{3-4}$$

盘右：$$\alpha_R = R - 270° \tag{3-5}$$

其平均值为：

$$\alpha = \frac{\alpha_L + \alpha_R}{2} \tag{3-6}$$

如目标方向在水平方向之下，盘左、盘右的竖盘读数必然为 $L > 90°$ 和 $R < 270°$（图 3-12），代入式（3-4）～式（3-6）算得的竖角为俯角（即 $\alpha < 0$），因而此三式亦适用于俯角的计算。可知式（3-4）～式（3-6）即为竖角的计算公式。

（二）竖直角的观测

设 A 点安置经纬仪，测定 B 目标的竖角，其步骤如下：

（1）盘左瞄准目标 B，以十字丝横丝与目标预定观测的标志（或高度）相切，参见图 3-7（c）。

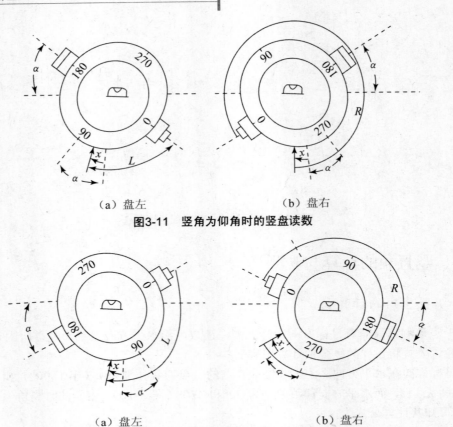

（a）盘左　　　　　　　　　（b）盘右

图3-11　竖角为仰角时的竖盘读数

（a）盘左　　　　　　　　　（b）盘右

图3-12　竖角为俯角时的竖盘读数

（2）旋转竖盘指标水准管微动螺旋，使指标水准管气泡居中，读取盘左的竖盘读数 L（设为 82°37′12″），记入手簿（表 3-4）第 4 栏，按式（3-4）算得 $\alpha_L=+7°22′48″$，填入第 5 栏。

表3-4　竖直角观测手簿

日期　　　　　　　　　　　仪器　　　　　　　　　　　观测
天气　　　　　　　　　　　地点　　　　　　　　　　　记录

测站	目标	竖盘位置	竖盘读数	半测回竖角	指标差 x	一测回竖角	备注
			° ′ ″	° ′ ″	″	° ′ ″	
1	2	3	4	5	6	7	8
A	B	左	82 37 12	+7 22 48	+3	+7 22 51	
		右	277 22 54	+7 22 54			
A	C	左	99 41 12	-9 41 12	-24	-9 41 36	
		右	260 18 00	-9 42 00			

（3）松开望远镜制动螺旋，倒转望远镜，以盘右再次瞄准目标 B，使指标水准管气泡居中，读取盘右的竖盘读数 R（设为 277°22′54″），记入表 3-4 手簿第 4 栏，按式（3-5）算得 $\alpha_R = +7°22′54″$，填入第 5 栏。

（4）按式（3-6）盘左、盘右取平均，得 B 目标一测回的竖角值 +7°22′51″（为仰角），填入表 3-4 第 7 栏。

同法可得表 3-4 中所列目标 C 的观测结果（为俯角）。

二、竖盘指标差及其计算

当望远镜水平，竖盘指标水准管气泡居中时，竖盘的正确读数应为 90°（盘左）或 270°（盘右）。如果竖盘指标线偏离正确位置，其读数将与 90° 或 270° 之间产生小的偏角，此偏角 x 称为竖盘指标差。

设盘左竖盘指标线向左偏离 x，如图 3-10～图 3-12 所示，这时无论盘左、盘右，也无论望远镜水平还是仰、俯，均使竖盘读数增加 x（x 有 +，− 号，令其盘左时左偏为 +，右偏为 −），即

盘左 $$L = L_正 + x \tag{3-7}$$
盘右 $$R = R_正 + x \tag{3-8}$$

将式（3-7）和式（3-8）分别代入式（3-4）和式（3-5），得：

盘左 $$\alpha_L = 90° - (L_正 + x) = \alpha_正 - x \tag{3-9}$$

盘右 $$\alpha_R = (R_正 + x) - 270° = \alpha_正 + x \tag{3-10}$$

将式（3-9）和式（3-10）二式相加除以 2，可得：

$$\alpha_正 = \frac{\alpha_L + \alpha_R}{2} \tag{3-11}$$

式（3-9）～式（3-11）说明，指标差 x 对盘左、盘右竖角的影响大小相同、符号相反，采用盘左、盘右取平均的方法就可以消除指标差对竖角的影响。

将式（3-9）和式（3-10）二式相减除以 2，可得：

$$x = \frac{\alpha_R - \alpha_L}{2} \tag{3-12}$$

由图 3-10～图 3-12 可见，在竖盘指标线位置正确时，无论望远镜水平还是仰、俯，均有 $L_正 + R_正 = 360°$，因此将式（3-7）和式（3-8）二式取和又可得：

$$x = \frac{(L + R) - 360°}{2} \tag{3-13}$$

可见竖盘指标差 x 有两种算法。一种是依据盘右和盘左的竖角计算（式 3-12），另一种则是直接依据盘左和盘右的竖盘读数计算（式 3-13），二者的计算结果相同。例如，表 3-4 算例中，经计算目标 B 和 C 的竖盘指标差 x 分别为 +3″ 和 −24″，其结果填入表 3-4 第 6 栏。对同一架经纬仪而言，观测不同目标算得的竖盘指标差理应大致相同。该例两个指标差值

之所以相差较大，说明读数中含有较多的观测误差。

三、竖盘指标的自动归零

采用指标水准管控制竖盘指标线，每次读数前都必须旋转指标水准管微动螺旋，使指标水准管气泡居中，从而使竖盘指标线位于固定位置，一旦疏忽，将造成读数错误。因此新型经纬仪在竖盘光路中，以竖盘指标自动归零补偿器替代竖盘指标水准管，其作用与自动安平水准仪的自动安平补偿器相类似，使仪器在允许倾斜范围内，直接就能读到与指标水准管气泡居中一样的正确读数。这一功能称为竖盘指标的自动归零。DJ6 型经纬仪的整平误差约为 $\pm1'$，而竖盘指标自动归零补偿器的补偿范围为 $\pm2'$。

任务五 光学经纬仪的检验与校正

一、光学经纬仪的主要轴线及其应满足的几何条件

光学经纬仪的主要轴线有仪器的旋转轴即竖轴 VV、水准管轴 LL、望远镜视准轴 CC 和望远镜的旋转轴即横轴（又称水平轴）HH（图3-13）。它们之间应满足以下几何条件：

（1）照准部水准管轴垂直于竖轴，即 $LL\perp VV$。

（2）视准轴垂直于横轴，即 $CC\perp HH$。

（3）横轴垂直于竖轴，即 $HH\perp VV$。

（4）十字丝竖丝垂直于横轴，即竖丝$\perp HH$。

此外，在测量竖直角时，还应满足竖盘指标水准管轴垂直于竖盘指标线的条件。

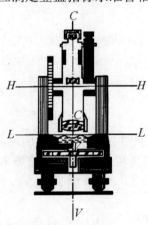

图3-13 经纬仪的主要轴线关系

二、光学经纬仪的检验和校正

（一）照准部水准管轴的检验和校正

1. 检验目的

使照准部水准管轴 *LL* 垂直于仪器竖轴 *VV*。照准部水准管是用来粗略整平仪器的。粗略整平仪器，不仅仅是使水准管气泡居中，主要应使仪器的竖轴竖直，这一要求只有在满足 *LL*⊥*VV* 的前提下才能达到。

2. 检验和校正方法

与水准仪的圆水准器的检验校正基本相同。首先，转动照准部使水准管与基座上一对脚螺旋的连线相平行，旋转该二脚螺旋，使水准管气泡居中。然后，将照准部旋转 180°，如果气泡仍然居中，说明 *VV* 与 *LL* 相垂直；如果气泡不再居中（偏离 1 格以上），说明该条件不满足。产生原因是照准部水准管一端的校正螺丝有所松动或磨损，造成水准管两端不等高，致使照准部水准管轴偏移正确位置之故。校正时，用校正针拨动水准管的上下校正螺丝，使气泡向居中位置返回偏移量的一半，此时水准管轴与竖轴之间即相互垂直。然后再用脚螺旋整平，使水准管气泡居中，竖轴即恢复竖直位置。校正工作一般需反复进行，直到仪器旋转到任何位置，照准部水准管气泡均居中为止。

（二）视准轴的检验和校正

1. 检验目的

使望远镜视准轴 *CC* 垂直于横轴 *HH*，从而使视准轴绕横轴转动时划出的照准面为一平面。

2. 检验方法

望远镜视准轴 *CC* 与横轴 *HH* 如不相垂直，二者之间存在偏角 *c*，这一误差称为视准轴误差（图 3-14）。视准轴误差的存在，将使视准轴绕模轴转动时划出的照准面为一圆锥面，从而影响照准精度。

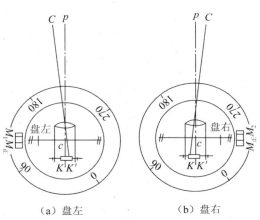

（a）盘左　　　　　　（b）盘右

图3-14　视准轴的检验

如图 3-14（a）所示，望远镜先以盘左瞄准目标 p（与仪器大致同高），虚线所指为视准轴正确位置（十字丝交点位于 K 点），水平度盘读数为 $M_{正}$，若存在视准轴误差 c（设十字丝交点位于正确位置 K 的右面 K' 点，视准轴左偏），为使视准轴（实线所指）照准目标，必须使照准部顺时针转动 c 角，即读数为：

$$M_1 = M_{正} + c \tag{3-14}$$

再以盘右照准目标 p，由于倒转望远镜后十字丝交点所在的 K' 转至正确位置 K 的左面，视准轴变为右偏，为使视准轴照准目标，必须使照准部逆时针转动 c 角，即读数为：

$$M_2 = M_{正} - c \tag{3-15}$$

将式（3-14）和式（3-15）相加除以 2，可得：

$$M_{正} = \frac{M_1 + (M_2 \pm 180°)}{2} \tag{3-16}$$

式（3-14）～式（3-16）说明，视准轴误差 c 对盘左、盘右平盘读数的影响大小相同、符号相反，采用盘左、盘右取平均的方法就可以消除视准轴误差对水平角的影响。

再将式（3-14）与式（3-15）相减除以 2，可得：

$$c = \frac{M_1 - (M_2 \pm 180°)}{2} \tag{3-17}$$

式（3-17）即为视准轴误差的计算公式。

根据上述即得其检验方法：以盘左、盘右观测大致位于水平方向的同一目标 p（为何需照准水平方向目标，见下文横轴的检验和校正），分别得读数 M_1、M_2，代入式（3-17），如算得的 c 值超过允许范围（一般为 $\pm30'$），即说明存在视准轴误差。

3. 校正方法

视准轴和横轴不垂直，主要是由于十字丝环的固定螺丝有所松动或磨损，使十字丝交点偏离正确位置，造成视准轴偏斜所致。此时望远镜仍处盘右位置，校正按以下步骤进行：

将算得的 c 值代入式（3-5），计算盘右的正确读数 $M_{正} = M_2 + c$；旋转照准部微动螺旋使平盘读数变为 $M_{正}$，十字丝交点必然偏离目标 p；用校正针拨动十字丝环左、右校正螺丝（图3-15），一松一紧推动十字丝环左右平移，直至十字丝交点对准目标 p，即由 K' 返回正确位置 K 为止。

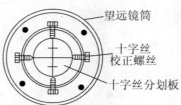

图3-15 十字丝环

（三）横轴的检验和校正

1. 检验目的

使望远镜横轴 HH 垂直于竖轴 VV，从而使视准轴绕横轴转动时划出的照准面为一竖直平面。

2．检验方法

望远镜横轴 HH 与竖轴 VV 如不相垂直，二者之间存在偏角 i，这一误差称为横轴误差（图 3-16）。横轴误差的存在，将使视准轴绕横轴转动时划出的照准面为一倾斜平面，同样会影响照准精度。

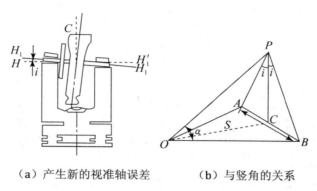

（a）产生新的视准轴误差　　　（b）与竖角的关系

图3-16　横轴误差的影响

如图 3-16（a）所示，横轴误差的连带影响是使视准轴产生新的偏斜，对同一 i 角而言，目标的竖角为零时，这种偏斜对平盘读数的影响亦为零，而当目标的竖角增大时，其影响将显著增加，如图 3-16（b）所示。在实际观测中，视准轴误差和横轴误差的影响往往同时存在于盘左读数与盘右读数之差，即 $2C$ 值中。由此可知，上述视准轴误差的检验已包括横轴误差的检验。区分两种误差的方法是：照准水平方向的目标，其结果主要反映视准轴误差（这便是视准轴检验校正时，需要照准水平方向目标的原因）；照准竖角大的目标，其结果主要反映横轴误差。

和视准轴误差一样，横轴误差对盘左、盘右读数的影响也是大小相同，符号相反，取平均即可消除其影响。

根据上述即得其检验方法：以盘左、盘右观测较高处，即竖角较大的同一目标 p，分别得水平度盘读数 M_1，M_2，代入式（3-17），如算得的 c 值超过允许范围（一般为 $\pm30''$），即说明存在（或和视准轴误差同时存在）横轴误差。

3．校正方法

横轴和竖轴不垂直，主要是由于支承横轴的偏心环有所松动或磨损，使横轴两端的高度发生变化所致。遇此问题，一般应送工厂维修。

（四）十字丝竖丝的检验和校正

1．检验目的

使十字丝竖丝垂直于横轴 HH，以便于仪器整平后，十字丝竖丝保持竖直，从而提高目标照准的精度。

2．检验和校正方法

与水准仪十字丝横丝的检验校正基本相同。只不过此处是用望远镜竖丝一端对准某固

定点 A，使望远镜上下微动。若此时点 A 影像不偏离竖丝，说明条件满足，否则说明条件不满足。校正时轻转分划板座，使点 A 对竖丝的偏离量减少一半，即使竖丝恢复竖直位置。

（五）竖盘指标水准管轴的检验和校正

1．检验目的

使竖盘指标水准管轴垂直于竖盘指标线，即消除竖盘指标差。

2．检验方法

安置经纬仪，对同一目标盘左、盘右测其竖角，按式（3-12）或式（3-13）计算指标差 x。若$|x|>1'$，应予校正。

3．校正方法

指标差的存在，主要是由于竖盘指标水准管一端的上下校正螺丝有所松动或磨损，造成指标水准管两端不等高，致使指标水准管轴和竖盘指标线不垂直之故。

校正按以下步骤进行：

（1）依旧在盘右位置，照准原目标点，按式（3-8）计算盘右的竖盘正确读数 $R_{正}=R-x$。

（2）转动竖盘指标水准管微动螺旋，使竖盘读数由 R 改变为 $R_{正}$，此时指标水准管气泡将不再居中。

（3）用校正针拨动指标水准管上、下校正螺丝使气泡居中，指标水准管轴和竖盘指标线即相互垂直。

任务六　电子测角

电子测角是一种运用新型电子经纬仪或全站仪进行自动测角的方法。它采用光电扫描度盘，通过角度值和数码的相互转换，实现角度观测的自动记录、计算、显示、存储和传输。在光电扫描度盘获取电信号测角的方式中，目前应用较多的是光栅度盘测角和光栅动态测角两种，以下介绍它们的原理。

一、光栅度盘测角原理

光学玻璃上均匀地刻有若干细线，就构成光栅。刻在圆盘上等角距的称为径向光栅，在电子经纬仪中即为光栅度盘，如图 3-17（c）所示。光栅的基本参数是刻线密度（每毫米的刻线条数）和栅距（相邻两刻线的间距）。设栅线宽度为 a，间隔宽度为 b，栅距即为 $d=a+b$，通常 $a=b$。栅线不透光，间隔透光。在光栅度盘上下对应位置装上光源和接收器，并随照准部一道转动（光栅度盘不动）。在转动过程中，将光栅是否透光的信号转变为电信号，由计数器累计其移动的栅距数，即可求得所转动的角值。这种没有绝对度数，而是依据移动栅距的累计数进行测角的系统称为增量式测角系统。

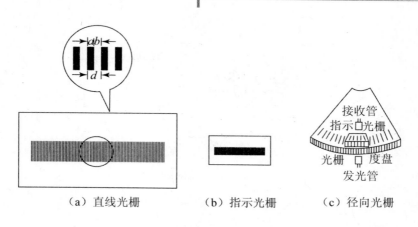

（a）直线光栅　　　　（b）指示光栅　　　（c）径向光栅

图3-17　光栅度盘与指示光栅

为了提高光栅的读数精度，系统采用叠栅条纹技术。所谓叠栅条纹就是将两块密度相同的光栅（如图 3-17 中的径向光栅和指示光栅）重合，并使它们的刻划线相互倾斜一个小的角度 θ，产生明暗相间的条纹（图 3-18）。当指示光栅横向移动一个栅距 d 时，就会造成叠栅条纹上下移动一个纹距 ω。二者之间的关系式为：

$$\omega = \frac{d}{\theta'} \times 3438' \quad\quad\quad (3-18)$$

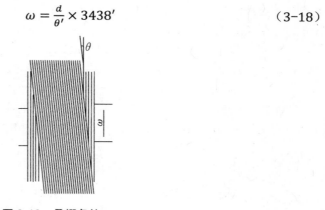

图 3-18　叠栅条纹

由式（3-18）可见，叠栅条纹的纹距比栅距放大了（$\frac{1}{\theta'} \times 3438'$）倍，例如，$\theta=20'$，$\omega=172 \times d$，即纹距较栅距放大 172 倍，明显可以提高精度。测角时，光栅度盘不动，照准部连同指示光栅和传感器相对于光栅度盘横向移动，所形成的叠栅条纹也随之移动。如图 3-19 所示。

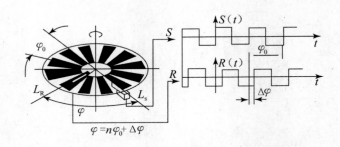

图3-19 动态测角原理

设栅距的分划值为 δ，在照准目标的过程中，可累计条纹移动的个数为 n（反方向移动则减去），计数不足整条纹的小数为 $\Delta\delta$，则角度值即为：

$$\beta = n \times \delta + \Delta\delta$$

二、光栅动态测角原理

装有旋转光栅度盘的电子经纬仪依据的是动态测角原理。其度盘上刻有 1 024 条栅线，不透光的栅线和透光间隔的宽度之和即为栅距的分划值 ϕ_0（图 3-19）。此外，在度盘外缘装有固定光栏 L_S（相当于光学度盘的零分划线），在度盘内侧装有随照准部一道转动的可动光栏 L_R（相当于光学度盘的指标线），它们之间的夹角即为待测的角值。这种方法称为绝对式测角系统。由图 3-19 可见，照准目标与零分划线之间的角值 ϕ 为：

$$\phi = n \times \phi + \Delta\phi \qquad (3\text{-}20)$$

即 ϕ 角等于 n 个栅距分划值 ϕ_0 和不足整栅距的零分划 $\Delta\phi$ 之和，它们通过光栅度盘旋转时产生的电信号及其相应的相位差，分别由粗测和精测的结果转换求得。

（一）粗测——求 $\Delta\phi$ 的个数 n

在度盘同一径向的内外缘上设有两个特殊标记 a 和 b，度盘旋转时，从标记 a 通过 L_S 此时起，计数器开始记取整周期 ϕ_0 的个数。当另一标记 b 通过 L_R 时，计数器停止记数，此时所记数值即为 ϕ_0 的个数 n。

（二）精测——求 $\Delta\phi$

精测开始，度盘旋转。每一条光栅线通过光栏 L_S 和 L_R 会分别产生两个信号 S 和 R（图 3-19 中的方形波），它们的相位差即为 $\Delta\phi$。度盘上共有 1 024 条栅线，即度盘每旋转一周，可获得 1024 个 $\Delta\phi$，取其平均值就是零周期的相位差，再通过微处理器进行处理，转换为角值。

实际上，光栏 L_S 和 L_R 均按对径设置，即各有一对（图 3-19 中 L_S 和 L_R 仅绘出各一个），度盘上的特殊标记 a 和 b 也各有一对，每隔 90° 设置一个。其目的是为了消除度盘的偏心误差。仪器的竖直度盘无活动光栏，仅有一对固定光栏装在指向天顶的对径方向，相当于竖盘的指标线。

目前，采用上述原理制成的电子经纬仪，其一测回方向中误差可达±0.5″。

任务七　角度测量的误差分析

和水准测量一样，角度测量的误差一般也由仪器误差、观测误差和外界条件影响的误差三方面构成。分析误差产生的原因，寻找削减误差的措施，将有助于提高角度测量的精度。

一、水平角测量误差

（一）仪器误差

虽经检验校正，仪器总还会带有某些剩余误差，如视准轴误差、横轴误差、竖盘指标差等，应通过盘左盘右测角取平均消除其影响。此外，还可能因度盘的旋转中心与照准部的旋转中心不重合而产生度盘偏心差，因受工艺水平的限制而带有度盘刻划误差等，前者应采用盘左盘右读数取平均，后者则以测回间变换度盘位置等措施对它们的影响加以限制。

（二）观测误差

1. 整平误差
仪器整平不严格，将导致仪器竖轴倾斜。该误差不能采用某种观测方法加以消除，且影响随目标竖角的增加而增大，所以，观测目标的竖角越大越应注意仪器的整平。

2. 对中误差
安置仪器不准确，致使仪器中心与测站点偏离 e，所产生的误差为对中误差。如图3-20所示，O 为测站点，O' 为仪器中心，β 为应有角值，β' 为实测角值，D_1，D_2 分别为测站点至两照准目标的距离，显然由于对中误差的存在，产生角度误差$\Delta\beta=\beta'-\beta$，由图见，角度误差的近似值可以式（3-21）计算：

$$\Delta\delta = \delta_1 + \delta_2 = e\left(\frac{1}{D_1} + \frac{1}{D_2}\right)\rho'' \tag{3-21}$$

设 $D_1=D_2=D$，则有：

$$\Delta\delta = \frac{2e}{D}\rho'' \tag{3-22}$$

由式（3-22）可知，此项影响与仪器的偏心距 e 的大小成正比，而与测站至目标的距离成反比。当 $e=3mm$，$D_1=D_2=100m$ 及 50m 时，$\Delta\beta$ 分别为 12.4″和 24.8″。显然，在短边上测角时，尤应注意仪器对中。

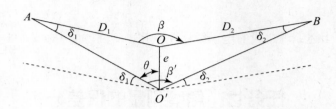

图3-20 对中误差

3．目标偏心误差

如图 3-21 所示，由于目标偏斜，致使目标之照准位置 A' 与目标点 A 偏离 e_1，造成应有角值 β 与实测角值 β' 之间产生目标偏心误差。

$$\delta_1 = \beta - \beta' = \frac{e_1}{d_1} \rho'' \qquad （3\text{-}23）$$

图3-21 目标偏心误差

由式（3-23）可见，此项误差与对中误差相类似，即与目标的偏心距 e_1 的大小成正比，与边长 d_1 成反比。当 $e_1=1cm$，$d_1=100m$ 及 50m 照准目标时，Δ_1 分别为 $20''$ 和 $40''$。所以应尽量瞄准目标的底部，短边测角时，更应注意减小目标的偏心。

4．照准误差

望远镜的放大倍率为 V，人眼的分辨率为 $60''$，则照准误差为：

$$m_V = \pm \frac{60''}{V} \qquad （3\text{-}24）$$

设 $V=30$，即照准误差 $m_V = \pm 2.0''$。

5．读数误差

光学经纬仪的读数误差一般为测微器最小格值的十分之一，如 J6 经纬仪分微尺测微器格值为 $1'$，则其读数误差为 $\pm 6''$。

（三）外界条件影响的误差

1．旁折光影响

阳光照射建筑物或山坡，经反射会使附近的大气产生气温梯度，从而使靠近建筑物或山坡的视线在水平方向产生折射。如图 3-22 中由原直线 AC 变为弧线 AB，夹角 δ 即为旁折光对方向观测值造成的影响。因此观测时，至少应使视线离开建筑物或山坡 1m 以外。

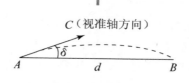

图3-22　旁折光影响

2. 其他因素的影响

大风和土壤的松软影响仪器的稳定，日晒和温度的变化影响水准管气泡的居中，大气层受地面的热辐射引起目标影像跳动，视线通过水域上空受蒙气的影响，电子仪器在高压线或变电所附近受电磁波的干扰，都会给观测成果带来误差，应尽量选择微风多云、空气清晰的天气及良好的作业时间进行观测。

二、竖直角测量误差

竖直角测量误差的构成和产生原因与水平角测量的误差基本相同。仪器误差中主要是竖盘指标差，可采用盘左盘右取平均的方法加以消除。观测误差中的照准误差与读数误差和水平角测量的观测误差相类似。读数前，除应认真进行指标水准管的整平而外，还应注意打伞保护仪器，减少指标水准管的整平误差。外界条件的影响和水平角测量误差有所不同的是大气折光对竖直角测量主要产生垂直折光的影响，故在竖角观测时，应使视线离开地面 1m 以上，避免从水域上方通过，并尽可能采用对向观测取平均的方法，以削弱其误差的影响。

项目小结

（1）水平角测量的原理。水平角是空间任两方向在水平面上投影之间的夹角。将测站至两个目标的方向投影到水平度盘上，然后用右目标的读数减去左目标的读数，即得两目标之间的水平角。

（2）竖直角测量的原理。竖直角是同一竖直面内水平方向转向目标方向的夹角。竖直度盘上刻有水平方向的正确读数为 90°（盘左）或 270°（盘右），只要读取目标方向的读数，即可运用公式算得目标的竖角。

（3）普通光学经纬仪的组成及使用。普通光学经纬仪主要由照准部（包括竖轴、望远镜、竖直度盘、水准管、读数系统等部件）、水平度盘和基座组成，DJ6 经纬仪采用的是分微尺读数法，使用分对中、整平、照准和读数 4 个步骤。

（4）水平角测量常用的方法有测回法和方向观测法（即全圆测回法）。前者适用于 2～3 个方向，后者适用于 3 个以上方向。一个测回由上、下两个半测回组成。上半测回用盘左；下半测回用盘右。之后盘左、盘右所测角值取平均，目的是为了消除仪器的多种误差。

（5）竖直角测量时，盘左、盘右均有相应的竖角计算公式，同时可用公式计算竖盘指标差。盘左、盘右取平均即可消除竖盘指标差对竖角测量的影响。

（6）普通光学经纬仪的检验和校正。经纬仪应满足的 4 项几何条件是：照准部水准管轴垂直于竖轴，视准轴垂直于横轴，横轴垂直于竖轴和十字丝竖丝垂直于横轴。视准轴不垂直于横轴产生的误差称为视准轴误差，横轴不垂直于竖轴产生的误差称为横轴误差。盘左、盘右取平均即可消除视准轴误差和横轴误差对水平角测量的影响。在经纬仪的四项检验中，重点应掌握第二项，即视准轴误差的检验方法。

课后训练

一、填空题

1．_____称为水平角，_____称为竖直角。竖直角 α 为正时，称为_____，为负时称为_____。

2．使用经纬仪的步骤分为_____、_____、_____。整平的目的是_____，对中的目的是_____。J6 经纬仪的读数方法是_____，度盘格值_____，分微尺格值_____，估读_____；J2 经纬仪则采用_____进行读数，度盘格值一般为_____，秒盘格值_____，估读_____。

3．测回法观测水平角取盘_____（上半测回）和盘_____（下半测回）的_____作为一测回的角值。方向观测法半测回观测需要，其目的是_____。测回法适用于_____，方向观测法适用于_____。

4．J6 经纬仪的 4 条主要轴线分别是_____（英文字母）、_____（英文字母），_____（英文字母）和_____（英文字母），它们之间应满足以下几何条件（1）_____、（2）_____、（3）_____。

5．经纬仪的视准轴误差是指_____，横轴误差是指_____，这两项误差对水平度盘读数影响的规律是，盘左、盘右_____，采用_____的方法，即可消除它们对水平角测量的影响。

6．测量竖直角在竖盘读数前，应注意使_____，目的是_____。经纬仪的竖盘指标差是指_____，其对竖直角测量影响的规律也是盘左、盘右_____，采用_____的方法，即可消除指标差对竖直角测量的影响。

7．竖直角测量的计算公式盘左为_____，盘右为_____，平均值为_____。竖盘指标差的计算公式为_____，也可以为_____。

二、练习题

1．用 J6 经纬仪分别观测目标点 A，B 的竖直角（图 3-23），读数已填在表 3-5 内，试完成其计算。

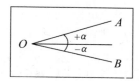

图3-23　第1题附图

表3-5　竖直角观测手簿

测站	目标	盘位	竖盘读数/ ° ′ ″	半测回竖角/ ° ′ ″	一测回竖角/ ° ′ ″	指标差 x/ ° ′ ″
O	A	左	76 18 18			
		右	283 41 24			
	B	左	92 32 24			
		右	267 27 48			

三、思考题

1．水平角测量和竖直角测量有何相同点和不同点？

2．简述测回法和方向观测法的观测步骤。两种方法各有哪些限差？$2c$ 和 $2c$ 互差有何区别？比较 $2c$ 互差有何作用？进行 n 个测回的水平角测量，应配置各测回水平度盘的起始读数，使其递增多少？其目的是什么？如何配置水平度盘的读数？

3．经纬仪主要轴线之间应满足的几何条件各起什么作用？

4．经纬仪的检验包括哪些内容？视准轴误差的检验如何进行，竖盘指标差又如何检验？竖盘指标自动归零补偿器有何作用？使用时应注意什么？

5．简述电子光栅度盘测角和光栅动态测角的原理。

6．角度测量有哪些主要误差？观测过程中要注意哪些事项？

项目四　距离测量

任务目标

能够使用普通钢尺、经纬仪或测距仪（全站仪），进行距离测量的观测、记录和计算。

情景导入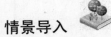

老张是一名经验丰富的工程测量人员，某天，他用钢尺丈量某工地 AB 的水平距离，往测为 357.23m，返测为 357.33m；丈量 CD 的水平距离，往测为 248.73m，返测为 248.63m，请问：老张最后得 D_{AB}，D_{CD} 及它们的相对误差各为多少？哪段丈量的结果比较精确？

任务一　钢尺量距

钢尺量距是传统的量距方法，适用于地面比较平坦，边长较短的距离测量，目前一些施工单位仍在使用。

一、钢尺量距的一般方法

（一）钢卷尺

钢卷尺（简称钢尺）一般用薄钢带制成（图4-1），其长度有 20m，30m，50m 等，刻划至 1mm。以尺的端点为零的称为端点尺，如图4-2（a）所示，以尺的端部某一位置为零刻划的称为刻线尺，如图4-2（b）所示，使用时应注意其零刻划的位置，以免出错。

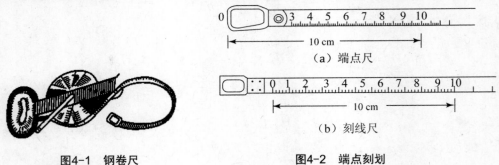

（a）端点尺

（b）刻线尺

图4-1　钢卷尺　　　　　　　　　图4-2　端点刻划

（二）直线定线

当地面两点间距离较长时，往往以一整尺长为一尺段，进行分段丈量。分段丈量首先要做的是将所有分段点标定在待测直线上，这一工作称为直线定线。

在待测距离的两端点 A，B 各竖立一根标杆，由作业员甲站于 A 点标杆后，以目测指挥另一位作业员乙站在距 A 点为整尺段的位置，将所持标杆移动到 A 与 B 连成的直线上，然后在标杆根部插下测钎（图 4-3）。依此类推，直到在所有整尺段的位置插上测钎，并使所有测钎位于 A 与 B 连成的直线上。

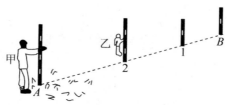

图4-3　直线定线

（三）平坦地面量距

平坦地面一般可沿地面用整尺法进行丈量，即在直线定线的基础上（亦可边定线边丈量），依次丈量 1～n 个整尺段，最后量取不足一整尺（零尺段）的距离 q（图 4-4）。被测距离的长度即为：

$$D=n\cdot l+q \tag{4-1}$$

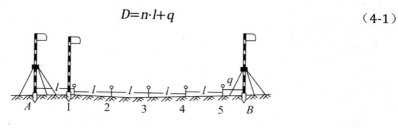

图4-4　平坦地面量距

式中：D——距离总长，单位：m；

　　　l——钢尺长度；

　　　n——整尺段数；

　　　q——零尺段距离。

（四）倾斜地面量距

1. 平量法

当地面坡度不大时，可在每尺段拉平钢尺，然后用垂球在地面上标定其端点，如图 4-5（a）所示，进行丈量。

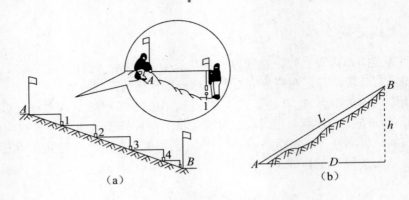

图4-5　倾斜地面量距

2. 斜量法

地面坡度较均匀时，可沿斜坡丈量其倾斜距离 L，同时设法测定两端点之间的高差 h，如图 4-5（b）所示，则两点之间的水平距离为：

$$D = \sqrt{L^2 - h^2} \tag{4-2}$$

（五）往返丈量

为了检核和提高精度，一般需要进行往返丈量，取其平均值作为量距的成果。

$$D_{均} = \frac{D_{往} + D_{返}}{2} \tag{4-3}$$

以往返丈量结果的较差除以其平均值得到的相对误差（分子为 1，分母为某整数的分数）K 来衡量其成果的精度。即：

$$K = \frac{\left| D_{往} - D_{返} \right|}{D_{均}} = \frac{1}{\dfrac{D_{均}}{\left| D_{往} - D_{返} \right|}} \tag{4-4}$$

一般钢尺量距的相对误差，在平地应小于 1/2 000，在山地应小于 1/1 000。

二、精密量距的三项改正

对精度要求较高的钢尺量距，除应采用经纬仪定线、在钢尺的尺头处用弹簧秤控制拉力（使其等于钢尺检定时的标准力，一般为 10 千克力[①]）等措施而外，还应对丈量结果进行以下改正。

（一）尺长改正

设钢尺名义长为 l_0，在一定温度和拉力条件下检定得到的实际长为 l_s，二者之差值即为

[①]千克力不是国际单位制单位，1 千克力=9.8 牛顿。

一尺段的尺长改正 Δl_d：

$$\Delta l_d = l_S - l_0 \qquad\qquad (4\text{-}5)$$

（二）温度改正

受热胀冷缩的影响，当现场作业时的温度 t 与检定时的温度 t_0 不同时，钢尺的长度就会发生变化。因而每尺段需进行温度改正 Δl_t：

$$\Delta l_t = \alpha\,(t - t_0)\,l_0 \qquad\qquad (4\text{-}6)$$

式中：$\alpha = 0.0\,000\,125/1℃$，为钢尺的膨胀系数。

钢尺说明书上一般都带有尺长随温度变化的函数式，称为尺长方程式：

$$l_t = l_0 + \Delta l + \alpha\,(t - t_0)\,l_0 \qquad\qquad (4\text{-}7)$$

式中：l_t——温度为 t 度时钢尺的实际长度；

l_0——钢尺的名义长度。

等式右端后两项实际上就是钢尺尺长改正和温度改正的组合。

（三）倾斜改正

设一尺段两端的高差为 h，沿地面量得斜距为 l，将其化为平距 d（图4-6），应加倾斜改正 Δl_h。

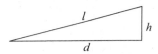

图4-6 倾斜改正

因为 $h_2 = l_2 - d_2 = (l+d)\cdot(l-d)$，即有 $\Delta l_h = d - l = -h_2/l + d$；又因 Δl_h 甚小，可近似认为 $l = d$，所以有：

$$\Delta l_h = -\frac{h^2}{2l} \qquad\qquad (4\text{-}8)$$

Δl_d，Δl_t 和 Δl_h 3 项之和即为一尺段的改正数 Δl

$$\Delta l = \Delta l_d + \Delta l_t + \Delta l_h \qquad\qquad (4\text{-}9)$$

如果丈量时现场的温度变化不大，场地的坡度变化也比较均匀，则取丈量时的平均温度作为式（4-6）中的作业温度 t，取各尺段高差的平均值作为式（4-8）中的尺段高差 h，按式（4-9）计算尺段的平均改正数 Δl，再按式（4-10）计算所量总长 D 的改正数 ΔD：

$$\Delta D = \frac{D}{l_0}\cdot \Delta l \qquad\qquad (4\text{-}10)$$

否则应分尺段量取温度和测定尺段两端高差，分别计算每尺段的改正数 Δl_i，再取所有测段改正数之和 $[\Delta l]$ 作为总长 D 的改正数。

【例 3-1】一钢尺名义长 $l_0 = 30m$，实际长 $l_S = 30.0025m$，检定温度 $t_0 = 20℃$，作业时的温度和场地坡度变化都不大，作业温度 $t = 25.8℃$，尺段两端高差 $h = +0.272m$，量得某段距

离往测长 $D_{往}$=221.756m，返测长 $D_{返}$=221.704m，求其改正后平均长度及其相对误差。

解：一尺段尺长改正：$\Delta l_d = 30.0025\text{m} - 30.000\text{m} \pm 0.0025\text{m}$

温度改正：$\Delta l_t = 0.00001251/1°C × (25.8 - 20.0)°C × 30.0\text{m} = 0.0022\text{m}$

倾斜改正：$\Delta l_h = -\dfrac{(0.272\text{m})^2}{2 × 30.0\text{m}} = -0.0012\text{m}$

三项改正之和：$\Delta l = 0.0025\text{m} + 0.0022\text{m} - 0.0012\text{m} = +0.0035\text{m}$

往测长 $D_{往}$ 的改正数及往测长：

$$\Delta D_{往} = \frac{221.756\text{m}}{30.0\text{m}} × 0.0035\text{m} = +0.026\text{m}$$

$$D_{往} = 221.756\text{m} + 0.026\text{m} = 221.782\text{m}$$

返测长 $D_{返}$ 的改正数及返测长：

$$\Delta D_{返} = \frac{221.704\text{m}}{30.0\text{m}} × 0.0035\text{m} = +0.026\text{m}$$

$$D_{返} = 221.704\text{m} + 0.026\text{m} = 221.730\text{m}$$

改正后平均长：

$$D = \frac{221.782\text{m} + 221.730\text{m}}{2} = 221.756\text{m}$$

相对误差：

$$K = \frac{221.782\text{m} - 221.730\text{m}}{221.756\text{m}} = \frac{1}{4260}$$

三、钢尺检定

钢尺在出厂时或精密量距前，均应进行检定，从而得出标准温度、标准气压下钢尺的实际长度，建立尺长方程式。

钢尺检定的方法一般采用直接比长法（又称平台法）。用一根标准尺与被检定的钢尺并排放置于水泥平台上，两端用拉力架对钢尺施加标准拉力（如 30m 钢尺为 10 千克力），将钢尺的末端（如 30m 处）比齐，在零分划线附近读出两尺的差数，同时记录检定时的温度，即可得出钢尺的实际长度和尺长与温度的关系。

【例 3-2】设作为标准尺 1 号钢尺的尺长方程式为：

$$l_{t1} = 30\text{m} + 0.004\text{m} + (1.25 × 10^{-5}/1) × 30(t - 20)\text{m}$$

被检定尺 2 号钢尺名义长亦为 30m。两尺末端比齐时，2 号尺零分划线对准 1 号尺的 0.007m 处，比较时的温度为 24℃。1 号尺上 7mm 的长度受温度升高的影响为数甚微，可忽略不计。因而可得：

$$l_{t1} = l_{t2} + 0.007\text{m}$$

故有：

$$l_{t2} = \left[30 + 0.004 + \left(1.25 \times \frac{10^{-5}}{1}\right) \times 30 \times (24 - 20) - 0.007\right] m$$
$$= (30 - 0.002) m$$

即 2 号尺的尺长方程式为：

$$l_{t2} = \left[30 - 0.002 + \left(1.25 \times 10^{-5}/1\right) \times 30 \times \left(t - 24\right)\right] m$$

通常以 20℃作为检定的标准温度，故 2 号尺尺长方程式的最后形式为：

$$l_{t2} = 30m - 0.003m + \left(1.25 \times 10^{-5}/1\right) \times 30 \times \left(t - 20\right) m$$

任务二　视距测量

视距测量是使用经纬仪和标尺同时测定两点间的水平距离和高差的一种方法，简便易行，但精度较低，常应用于碎部测量。

一、视距测量的原理

（一）视线水平时的视距计算公式

设经纬仪安置于 A 点，照准 B 点竖立的标尺。当望远镜视线水平时，视线与标尺面相互垂直（图 4-7）。根据光学原理可知，相当于自十字丝分划板上、下视距丝（图中 m，g 两点）发出的平行于视准轴的光线，经物镜折射后通过物镜的前交点 F，而交标尺于 M，G 两点。设图中上、下视距丝间隔 $mg=p$、物镜焦距 $OF=f$、标尺上 M，G 两点之间隔（相当于上、下视距丝在标尺上的读数之差）为 l，则由相似三角形 GFM 和 $g'Fm'$ 可得前交点 F 至标尺的距离 $FQ = f/p \cdot l$。

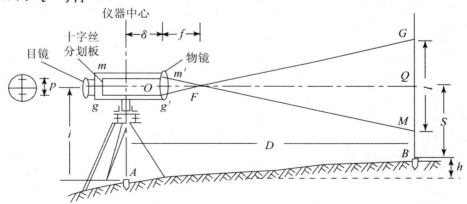

图4-7　视线水平时的视距测量

又设仪器中心至物镜的距离为 Δ，则由图 4-7 可见，仪器中心至标尺的水平距离为：

$$D = \frac{F}{P} \cdot l + （f + \Delta）$$

令乘常数 $K = \frac{F}{P}$、加常数 $C = （f + \Delta）$，式（4-11）可写为：

$$D = K \cdot l + C \qquad (4-12)$$

在设计仪器时，选择适宜的组合物镜焦距 f 和上下视距丝间隔 p，即可令 $K = 100$ 及 $C = 0$，则有

$$D = K \cdot l = 100 \cdot l \qquad (4-13)$$

设在测站量得地面至经纬仪横轴中心的仪器高为 i、十字丝中丝在标尺上的读数为 S，由图 4-7 又可见 A，B 两点间的高差为：

$$h = i - S \qquad (4-14)$$

式（4-13），式（4-14）即为视线水平时的视距和高差计算公式。

（二）视线倾斜时的视距计算公式

当地面起伏较大，必须使望远镜视线倾斜方能照准目标时，由于标尺仍然垂直竖立于地面，即视线和标尺面不再垂直，而相交成（$90° \pm \alpha$）的角度（α 为倾斜视线的竖直角），因此上述公式不再适用，有必要推导出视线倾斜时的视距和高差计算公式。

图 4-8 中，经纬仪仍置于 A 点，其上、下视距丝在垂直立于 B 点的标尺上读得视距间隔为 GM=l，又假设标尺面向仪器偏转 α 角，而与视线垂直，上、下视距丝在其上截得的视距间隔为 G'M'=l'。问题的关键是应求出 l 与 l' 二者之关系。

在 $\triangle MQM'$ 和 $\triangle GQG'$ 中，$\angle M'QM = \angle G'QG = \alpha$，$\angle QM'M = 90° - \phi$，$\angle QG'G = 90° + \phi$，式中 ϕ 为上（或下）视距丝与中丝间的夹角，仅为 $17'$，因而可将 $\angle QM'M$ 和 $\angle QG'G$ 近似地视为直角，即有：

$$l' = QG' + QM' = QG \cdot \cos\alpha + QM \cdot \cos\alpha = GM \cdot \cos\alpha = l \cdot \cos\alpha$$

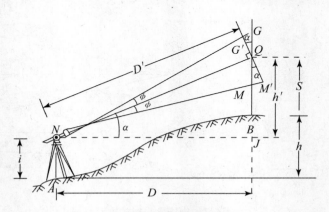

图4-8　视线倾斜时的视距测量

代入式（4-13）即得仪器到标尺的倾斜距离 D'：

$$D' = Kl \cdot \cos\alpha$$

再化为水平距离 D：

$$D = D' \cdot \cos\alpha = Kl \cdot \cos^2\alpha \qquad (4\text{-}15)$$

同时得初算高差（即经纬仪横轴中心到标尺 Q 点的高差）h'：

$$h' = D' \cdot \sin\alpha = Kl \cdot \cos\alpha \cdot \sin\alpha = \frac{1}{2}Kl \cdot \sin 2\alpha \qquad (4\text{-}16)$$

仍设仪器高为 i、十字丝中丝在标尺上的读数为 S，$A\sim B$ 的高差即为：

$$h = h' + i - S = \frac{1}{2}Kl \cdot \sin 2\alpha + i - S \qquad (4\text{-}17)$$

式（4-15）～式（4-17）即为视线倾斜时的视距和高差计算公式。

二、视距测量的观测和计算

视距测量的观测和计算按以下步骤进行：

（1）在测站 A 安置经纬仪，量取仪器高 i，在目标点 B 竖立标尺。

（2）以盘左转动望远镜照准标尺，使中丝截标尺上与仪器高 i 相等的读数或某一整数 S，分别读取下、上、中三丝读数，并以下丝读数减去上丝读数得视距间隔 l，依次记入手簿。

（3）旋转指标水准管微动螺旋，使指标水准管气泡居中，读取竖盘读数，并按盘左竖角公式计算竖角 α。

（4）将观测值记入手簿（表 4-1），再按式（4-15）～式（4-17）计算水平距离、高差，并根据测站高程计算出测点的地面高程。

表4-1 视距测量手簿

| 测站 A | | | | 测站高程 25.17m | | | 仪器高 i1.45m | | 仪器 DJ6 |

点号	下丝读数 上丝读数 /m	视距 间隔 l/m	中丝 读数 S/m	竖盘 读数/ ° ′ ″	竖直角/ ° ′ ″	水平 距离 D/m	初算 高差 h' /m	高差 h/m	高程 H/m
1	2.237 0.663	1.574	1.450	87 41 12	+2 18 48	157.14	+6.35	+6.35	31.52
2	2.445 1.555	0.890	2.000	95 17 36	−5 17 36	88.24	−8.18	−8.73	16.44

三、视距常数的检测

为了保证视距测量的精度，在视距测量前，应重新检测经纬仪的视距乘常数 K（内对光望远镜的视距加常数 C 为 0，一般不需检测）。

检测时，在平坦的场地上，沿同一直线上距离分别为 25m，50m，100m，150m，200m 处打木桩，用钢尺或短程测距仪测定各段的距离 D_i，将经纬仪安置于起点，在各木桩上依次竖立标尺，分别以盘左、盘右的望远镜水平位置，用上、下丝在尺上读数，取其视距间隔。然后进行返测，得各段视距间隔的往返平均值 l_i，即可按式（4-18）计算各段的 K_i：

$$K_i = \frac{D_i}{l_i}$$

（4-18）

最后取各段所得 K_i 的平均值即为该仪器的视距乘常数 K。

任务三　光电测距

随着科学技术的发展，电磁波测距正在逐步取代传统的测距方法。

电磁波测距按载波不同分为微波测距（以微波段的电磁波作为载波）、光电测距（以可见光或红外光的光波），本任务重点介绍其基本原理和使用方法。

一、光电测距原理

（一）光电测距的两种方法

如图 4-9 所示，在 A 点安置测距仪，B 点安置反光镜。已知光波的传播速度 c 为一定值，如果能测出测距仪发射的光波传播至反光镜，再经反射回到测站总共耗费的时间 t，即可按式（4-19）计算 $A{\sim}B$ 的距离 D：

$$D = \frac{1}{2}c \cdot t$$

（4-19）

式中：$c = \dfrac{c_0}{n}$，c_0 为真空中的光速，根据国际大地测量学与地球物理学联合会 1975 年所推荐的数值 $c_0=$（299 792 458±1.2）m/s，n 为大气折射率，它与测距仪所采用的光波长、测程上大气平均温度、气压和湿度等因素有关。显然，问题的关键在于如何测定光波往返测程所耗费的时间 t。

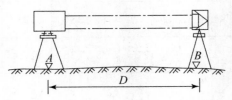

图4-9　光电测距

t 的测定方法，也就是光电测距的方法可分为两种：一种是直接测定由测距仪发出的光脉冲自发射到接收所耗费的时间差，称为脉冲法测距；另一种是通过测定测距仪发出的连续调制光波经往返测程所产生的相位差，来间接测定时间，称为相位法测距。

目前，脉冲法测距测定时间的精度一般只能达到 10^{-8}s，相应的测距误差约为±1.5m，难以满足工程测量的需要，而相位法测距的测距误差则可精确至厘米甚至毫米级，因此工程上使用的红外光电测距仪多为相位式测距仪。

（二）相位法测距的基本原理

如图 4-10 所示，测距仪在 A 点发射光波，经 B 点反射后再回到 A 点。将光波往返测程的图形展开，即成一连续的正弦曲线。其中一个周期的光波长度为波长 λ，相位变化为 2π。

设调制光波的频率（即每秒钟光强变化的周期数）为 f，由物理学可知，光波自 A 到 B 再返回 A 的相位移 ϕ 为

$$\phi = 2\pi f t$$

式中：t——光波往返测程所耗费的时间，即：

$$t = \frac{\phi}{2\pi f}$$

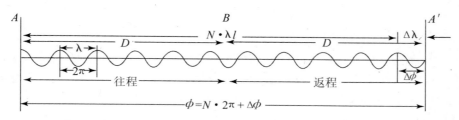

图4-10　相位法测距原理

代入式（4-19），则得：

$$D = \frac{c}{2f} \cdot \frac{\phi}{2\pi}$$

由于波长 $\lambda = \dfrac{c}{f}$，所以

$$D = \frac{\lambda}{2} \cdot \frac{\phi}{2\pi} \tag{4-20}$$

设从发射至接收之间调制波的整周期数为 N，最后不足一个整周期的零周期数为 ΔN，由图 4-10 可见，

$$\phi = N \times 2\pi + \Delta N \times 2\pi$$

代入式（4-20）则得：

$$D = \frac{\lambda}{2}（N + \Delta N） \tag{4-21}$$

令 $\mu = \dfrac{\lambda}{2}$，则有

$$D = \mu（N + \Delta N） \tag{4-22}$$

式（4-22）即为相位法测距的基本公式。

如果将 μ 视为一把"光尺"的长度，N 和 ΔN 分别视为其整尺段与零尺段数，可见式（4-22）和钢尺量距的式（4-1）相类似，在根据设计已知 μ 的情况下，只要测出 N 和 ΔN，即可求

得距离 D。

　　仪器的测相装置一般能精确测定 $0\sim2\pi$ 之间的相位变化，对相位的整周期数却难以测定，即仅可以精确测定其相当于零尺段的距离，而对相当于整尺段的距离则难以测准。此外，测相的精度为 $10^{-3}\sim10^{-4}$，即"光尺"越长，相应的测距误差就越大。为此，一般测距仪至少采用两种调制频率的"光尺"，其波长长的称为"粗尺"，波长短的称为"精尺"，分别用于测定距离的大数和小数。例如，"粗尺"长为 1 000m，所测距离为 368.5m；"精尺"长为 10m，对同一距离所测为 8.542m，则将二者综合即得显示屏上的精确距离为 368.542m。如果该段实际距离是 1 368.542m，则应由测量人员根据实际情况判断，加上应有的整千米数。对于测程较长的中、远程测距仪，往往采用多种调制频率的光波进行测量。

二、光电测距仪的使用

（一）测距仪的组成

　　早期的测距仪一般由照准头、控制器和装有一块至数块棱镜的反射镜构成，和经纬仪组合使用。照准头装有发射和接收装置；控制器装有控制电路、相位计及计算器；反射镜主要用于在被测点将测距仪发射来的调制光波反射回接收装置，新型的全站仪则将测距仪和电子经纬仪合为一体，使用更为方便。

（二）测距仪的级别

　　测距仪按测程长短可分为远程（15km 以上）、中程（5～15km）和短程（5km 以下）。测距仪的测距中误差（又称标称精度）通常表示为：

$$m = \pm\,(A + B \cdot 10^{-6} \cdot D) \quad (\text{mm}) \tag{4-23}$$

式中：A——固定误差，单位：mm；

　　　　B——与距离成正比的误差系数；

　　　　D——被测距离，单位：km。

　　　　$B \cdot 10^{-6} \cdot D$ 即为比例误差，单位：mm。

　　按 1km 测距中误差 m_D 所表示的测距精度又可将测距仪分为一级（$m_D \leqslant 5$mm）、二级（5mm$<m_D\leqslant$10mm）和三级（10mm$<m_D\leqslant$20mm）。

（三）测距仪的使用

　　测距时，将测距仪（或全站仪）与反射镜分别安置于测程两端点。反射镜所用棱镜的块数与测程长短有关。一般单棱镜（参见图 4-16）测程为 2.5km，3，7，11 棱镜的测程依次为 3.5km，4.5km 和 5.5km。接通电源后照准反射镜中心（参见图 4-18），检查经反射镜返回的光强信号，符合要求即可开始测距（若测程小于 100m，应启用滤光器，以免反射光过强损坏仪器）。2km 以内距离显示至 0.001m，2km 以上显示至 0.01m。每照准一次反射镜，揿动 2～3 次测距按钮，即进行 2～3 次距离读数，称为一测回。为提高测距精度，应按规定增加测回数，取其平均值作为测距成果。

新型测距仪一般均有对温度、气压等影响自动进行改正的功能，即所读距离已消除温度、气压变化所造成的误差。

三、光电测距仪的检验

光电测距仪在使用前应进行全面检验，其项目主要包括仪器各部分的功能检视；三轴即发射光轴、接受光轴和望远镜视准轴是否一致或平行的检验；发光管相位不均匀引起照准误差的检验；接受信号强弱不均匀引起幅相误差的检验；反射镜不符合标准引起反射误差的检验；温度、气压及工作电压变化对测距影响的适应性能检验，以及仪器的周期误差和加常数、乘常数的测定等。后三项测定均属仪器的主要系统误差检测，较其他检验更为重要，因此，简要加以介绍。

（一）周期误差的测定

所谓周期误差是指按一定距离为周期重复出现的误差。周期误差主要是由于相位计测得的相位值受到仪器内部串扰信号的影响，从而使测距产生误差。为克服其影响，应在测距成果中加入周期误差改正数：

$$V_i = A \sin \ (\phi_0 + \phi_i) \tag{4-24}$$

式中：V_i——与距离D_i相应的周期误差改正数；

$\quad\quad A$——周期误差的振幅；

$\quad\quad \phi_0$——初相角，即与光尺长μ之整数倍距离相应的相位角；

$\quad\quad \phi_i$——与待测距离D_i除去尺长μ之整数倍距离后的尾数相应的相位角。

周期误差的测定就是测定其振幅A和初相角ϕ_0。常用的测定方法为"平台法"，即在室内（也可室外）设置一平台，平台长与仪器的精尺长度 μ 相适应。将测距仪安置在平台延长线的一端约 $50\sim100$m 的 O 点处，其高度与反射镜的高度一致（图 4-11）。观测时，由近至远在反射镜各个位置测定距离，反射镜每次移动量$d = \dfrac{\mu}{n}$，一般取 $n=40$。如有必要，再由远至近返测。最后对观测值进行数据处理，就可得该仪器的周期误差振幅A和初相角ϕ_0。

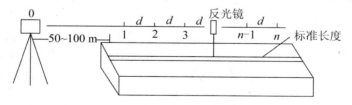

图4-11 平台法测定测距仪的周期误差

（二）仪器常数的测定

仪器常数包括仪器的加常数和乘常数。加常数是由于仪器的电子中心及反射镜的光学中心与各自的机械中心不重合而形成；乘常数则主要是由于测距频率偏移而产生。

如图 4-12 所示，D_0 为 A，B 两点之间的实际距离，D' 为其观测值，则得下列关系式：

$$D_0 = D' + K_i = D' + K \tag{4-25}$$

式中，$K = K_i + K_r$（图中 K_i，K_r 均为负值）。一般称 K 为仪器加常数，实际上它包含仪器加常数 K_i 和反射镜常数 K_r。

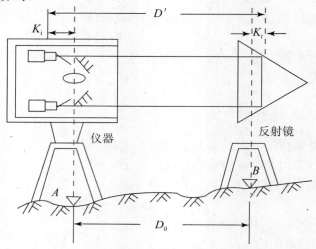

图4-12　测距仪的加常数

由式（4-22）知，距离 D 的测定首先和仪器的光尺长 μ 有关，而

$$\mu = \frac{\lambda}{2} = \frac{c}{2 \cdot f}$$

即 μ 和光波的频率 f 成反比。显然，若频率 $f_{均}$ 实际值和标准值之间出现偏差 $\Delta f = f_{实} - f_{标}$，必定会给距离 D 带来误差，从而需要对此误差进行改正。所谓乘常数就是由于频率偏差引起的计算改正数的系数。

1. 六段解析法测定加常数

设置直线 AB（其长度大约几百米至 1 000 米左右），将其分为 $d_1 \sim d_6$，计 6 段 7 个点，点号分别为 0，1，$\cdots$，6（图 4-13）。自 0 号点始，逐一在每点安置仪器，在该点之后的点上依次架设反射镜，测量相应两点间的距离。共可获得 21 个水平距离观测值 D_{ij}（$i=0,1,\cdots$，5）（$j=i+1$，$\cdots$，6）。最后对观测值进行数据处理，就可解得 7 个未知数，分别为 6 段距离的平差值和仪器的加常数 K。

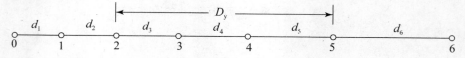

图4-13　六段法测定加常数

六段法不需要预先知道测线上各点之间的精确长度，仅用测距仪的观测成果就可以通过计算求得仪器的加常数，因而应用较广。

2. 比较法同时测定加常数和乘常数

在已知多段（6 段以上）基线值的基线场上分别设置测距仪和反射镜获取各段距离观测值，与已知基线值进行比较，从而同时求得加常数和乘常数。之所以需要 6 段以上是因为增加观测值的个数，可以使求出的加常数和乘常数更为可靠。

比较法需要预先知道各段基线的精确长度，因而其应用受到一定限制。

任务四　距离测量的误差分析

一、钢尺量距的误差

钢尺量距的误差及相应的削弱措施如下。

（一）定线误差

量距前应认真进行直线定线，否则量出的将是折线，总使距离偏大。如果量距的精度要求较高，应采用经纬仪定线。

（二）尺长误差

钢尺的实际长和名义长不一致即产生尺长误差。尺长误差是一种系统误差，应在作业前进行钢尺检定，从而对量距成果施加尺长改正。

（三）温度误差

钢尺的尺长方程式中一般都已给出温度改正的计算方法，但如作业现场的气温量测不准，或所量气温与贴近地面丈量的钢尺温度相差较多，也会产生温度误差。因此，应尽量测定钢尺所在处的温度，用于温度改正。

（四）拉力误差

拉力的变化会改变钢尺的长度，从而带来拉力误差。丈量时应使拉力均匀、稳定，必要时可采用弹簧秤控制拉力，以使实测时的拉力尽量与标准拉力相同。

（五）倾斜误差

沿一定坡度的地面丈量时，可将钢尺一端抬离地面，使钢尺尽量保持水平，或用水准测量测定被测距离两端的高差，以便对所量距离施加倾斜改正。

（六）钢尺垂曲误差

丈量时钢尺不水平或中间下垂会产生误差，丈量时应尽量注意钢尺的水平或在悬空丈量时将钢尺在中间托平。

（七）丈量误差

丈量时，应认真作业，使钢尺端点对准，尺段端点测钎插准，分划尺的读数读准等，以尽量减少丈量误差的产生。

二、视距测量的误差

（一）视距读数误差

视距测量中，视距间隔 *l* 的误差是上、下丝读数误差的 $\sqrt{2}$ 倍，而它对距离的影响还将扩大 100 倍，可见读数误差的影响之甚，所以应格外注意望远镜的对光和尽量减小读数误差。

（二）标尺倾斜误差

标尺竖立不直或晃动，对视距和高差均会带来误差，在山区作业时，其影响更大。因此应使用装有圆水准器的标尺，以尽量避免标尺的倾斜和晃动。

（三）竖角观测误差

为提高竖角测量的精度，竖盘读数时应注意指标水准管的居中，同时采用盘左、盘右取平均，或在竖盘读数中加上指标差改正以消除指标差的影响。

（四）视距常数误差

定期测定仪器的视距乘常数，如变化较大则需对视距加以常数差改正。

（五）外界条件的影响

观测时，应尽量抬高视线，以减小大气竖直折光的影响，同时避免在阳光强烈、气流颤动、蒙气明显及大风等天气下作业。

三、光电测距的误差

光电测距误差可分为固定误差和比例误差。

（一）固定误差

1. 仪器和反射镜的对中误差

对中误差的大小将直接影响测距的精度，应用光学对中器进行仪器和反射镜的对中，使对中误差控制在±2mm以内，同时保持反射镜的直立。

2. 仪器加常数差

应定期检测仪器的加常数，以便对仪器重新预置加常数，或对测距成果进行加常数改正。

3. 测相误差

测相计的灵敏度降低及大气噪声的干扰，使测相系统受到影响，从而给测距带来误差。仪器显示的距离值都是仪器快速进行千万次测相结果的平均值，能在很大程度上削弱这一误差的影响。

4. 照准误差

仪器发射光束的横截面上各部分的相位有所不同，经反射后也会产生测距误差。为削弱该项影响，应使望远镜照准时与反射镜互为最佳位置。为此，先用望远镜照准反射镜中心，称为"光照准"，再调整仪器的水平、竖直螺旋，同时调节反射镜的朝向和角度，以使信号强度指示到最大值，称为"电照准"，从而达到最佳的照准效果。

5. 幅相误差

接受光强信号的强弱不均匀，引起的测距误差为幅相误差，可通过调节光栏孔径，并根据检测电表将接受信号的强度控制在一定的范围内，以减小该项误差。

（二）比例误差

1. 光波频率测定误差

由于光尺长与光波频率成反比，因此光波频率的测定误差致使光尺长度产生误差，即给测距带来与距离成比例的误差。可通过定期检测频率，以尽量减小该项误差的影响。

2. 大气折射率误差

由式（4-19）可见，光速 c 与大气折射率 n 有关。而影响折射率 n 的因素有气温、气压等。如果温度、气压量测不准，使 n 的数值有误，也会给测距造成比例误差。应尽量沿测程测定温度、气压，从而对测距成果合理地施加气象改正。

任务五　全站仪

随着大规模集成电路的推广应用，单体的测距仪和电子经纬仪已逐步为全站仪所取代。全站仪全称为全站型电子速测仪。它将光电测距仪、电子经纬仪和微处理器合为一体，具有对测量数据自动进行采集、计算、处理、存储、显示和传输的功能，不仅可全部完成测站上所有的距离、角度和高程测量以及三维坐标测量、点位的测设、施工放样和变形监测，还可用于控制网的加密、地形图的数字化测绘及测绘数据库的建立等。

一、全站仪的组成和使用

（一）全站仪的组成

1．四大光电测量系统

全站仪的主要组成部分如图 4-14 所示。其四大光电测量系统分别为水平角测量、竖直角测量、距离测量和补偿系统。前三种用于角度、距离和高差测量，第四种则用于对仪器的竖轴、横轴（即水平轴）和视准轴的倾斜误差进行补偿。

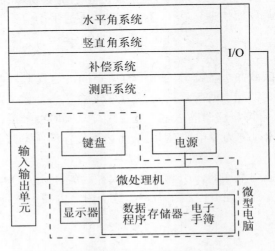

图4-14　全站仪组成框图

2．微处理器、电子手簿和附属部件

仪器的核心部分是微处理器和电子手簿。根据键盘获得的操作指令，微处理器即调用内部命令，指示仪器进行相关的测量工作和通过电子手簿进行数据的记录、检核、处理、存储和传输。其附属部件有作为电源的可充电电池，供仪器的运转和照明；显示器供数据的显示输出；输入输出单元则是与外部设备相连的接口，用于和计算机的双向通讯。电子手簿中还备有数据存储器和程序存储器，前者用于数据的暂时存储，后者便于开发新的测量软件。

3．同轴望远镜

全站仪的视准轴和光电测距的发射光轴、接受光轴同轴，既可以用于目标照准，又可以发射测距光波，并经同一路径返回接受。有的全站仪测距头内装有两个光路与视准轴同轴的发射管，提供两种测距方式。一种发射需经棱镜反射进行测距的红外光束；另一种发射红色激光束，不用棱镜，只要遇障碍物即可反射（但反射光强偏弱，因此测距长度有一定限制）。正因为全站仪装有这样的望远镜，因此，一次照准目标，即能同时测定水平角、竖直角（或天顶距）、距离和高差，而且采用不同的测距方式可在有或无反射棱镜的情况下，都能测距。

（二）全站仪的使用

图 4-15 所示为某型号全站仪的外型及操作部件名称，图 4-16 为与之配套使用的反射棱镜。

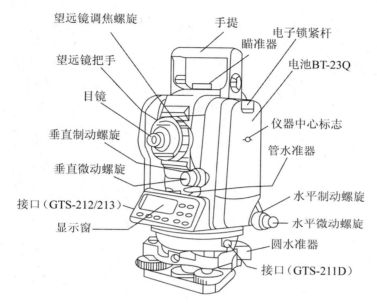

图4-15　全站仪

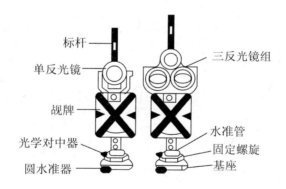

图4-16　反射棱镜

该型号全站仪光电测距系统采用砷化镓（GaAS）红外发光管，内含两个光尺频率：精测频率为 14 985 437Hz，光尺长 10m；粗测频率为 14 985.440Hz，光尺长 10km；电子测角系统采用光栅度盘增量方式，竖直角采用倾斜传感器，自动进行倾斜补偿。补偿范围±3′，补偿精度 1″；望远镜成像为正像，放大倍率 26 倍，最短视距 0.9m，采用内置式电源。

1. 主要性能指标

（1）精度。测角精度±5″；测距精度±（3mm+2×10⁻⁶·D）。

（2）测程。900m/单棱镜；1 200m/三棱镜（图4-15）。

（3）最小读数及测距时间。精测模式：1mm，2.5s（首次4.5s）；粗测模式：10mm，0.5s（首次3.0s）；跟踪模式：5mm，0.3s（首次2.5s）；测角时间：0.3s。

（4）工作环境温度。—20℃～+50℃。

为便于观测，仪器双面都有显示窗（图4-17），采用点阵式液晶显示，共4行，每行20个字符（见图示说明）。

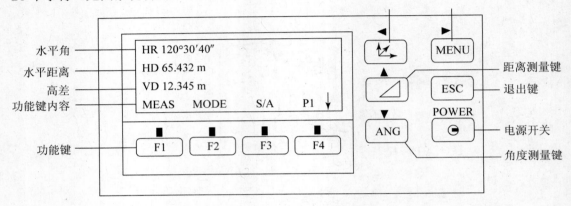

图4-17　显示窗

2. 四种测量模式

（1）角度测量模式。进行零方向安置；测定或设置水平角；同时进行水平角和竖直角（或天顶距）测量。

（2）距离测量模式。设置仪器常数和气象改正；进行距离测量、跟踪测量和快速测距；同时完成水平角、水平距离和高差的测量；显示测量距离和测设距离之差，用于施工放样；可进行偏心测量。

（3）坐标测量模式。直接测定未知点三维坐标。

（4）特殊模式（菜单模式）。进行两个目标之间的平距、斜距、高差和水平角测量等。

3. 使用步骤

（1）安置。将全站仪安置于测站，反射镜安置于目标点。对中和整平同光学经纬仪。

（2）开机。打开电源开关（POWER键），显示器显示当前的棱镜常数和气象改正数及电源电压。若电压不足，应及时更换电池。

（3）仪器自检。转动照准部和望远镜各一周，使仪器水平度盘和竖直度盘初始化（有的仪器无需初始化）。

（4）参数设置。棱镜常数检查与设置：检查仪器设置的常数是否与仪器出厂时定的常数，或检定后的常数一致，若不一致应予改正；气象改正参数设置：可直接输入气象参数（环境气温 t 与气压 p），或从随机所带的气象改正表中查取改正参数，还可利用公式计算，然后再输入气象改正参数。例如，图4-14所示型号全站仪的气象改正公式为：

$$K_a = \left[279.66 \times \frac{106.033p}{273.15 + t} \right] \times 10^{-6}$$

式中：K_a——气象改正值；

　　　p——环境大气压，单位：mmHg；

　　　t——环境温度，单位：℃。

（5）选择角度测量模式。瞄准第 1 目标，设置起始方向水平角为 0°00′00″；再瞄准第 2 方向，直接显示水平角和竖直角（多为倾斜视线的天顶距读数）。

（6）选择距离测量模式。精测距离／跟踪测距／粗测距离。

（7）照准、测量。方向观测时照准标杆或觇牌中心，距离测量时望远镜应瞄准反射棱镜中心（图 4-18），按测量键显示水平角、竖直角和斜距，或显示水平角、水平距离和高差。

（8）测量完毕关机。

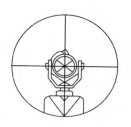

图4-18　反射镜的照准

4．注意事项

（1）撑伞作业，防止阳光直接照射或雨水浇淋损坏仪器。阳光下作业应装滤光镜。

（2）避免温度骤变时作业。开箱后，应待箱内温度与环境温度适应后，再使用仪器。

（3）测线两侧或反射镜后应避开障碍物体，以免障碍物反射信号进入接受系统产生干扰信号，同时避开变压器、高压线等强电场源，以免受电磁场干扰。

（4）观测结束及时关机。

（5）运输过程中注意仪器的防潮、防震、防高温。

（6）注意仪器的及时充电。仪器不用时，也应充电后存放。长期不用，应将电池卸下，分开存放。

二、全站仪的程序测量

进入程序测量模式，全站仪即可调用自带的测量程序，进行以下测量。

（一）三维坐标测量

如图 4-19 所示，在已知点 A 安置仪器，选择坐标测量模式，输入仪器高和 A 点的三维坐标（即图中 N_A，E_A，Z_A）及目标点 B 的棱镜高（即目标高），再输入后视点 M 的坐标（即图中 N_0，E_0，不用输入该点高程）。如果 A 点至 M 点方位角 α_M 已知，也可仅输入测站点坐标和该方位角，而无需输入后视点坐标。

照准 M 点，配置水平度盘使其读数为 $0°00'00''$，然后转动望远镜瞄准 B 点反射镜，按测量键即可获得其三维坐标（即图中 N_B，E_B，Z_B）。

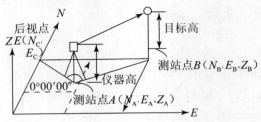

图4-19　坐标测量

（二）后方交会

在待定点上安置仪器，输入仪器高，选择后方交会模式，按屏幕提示输入两个已知点的三维坐标和目标（棱镜）高，按测量键。如需观测其他已知点，可再按提示输入。依次瞄准各已知点，按测量键，观测完毕，屏幕即显示测站点的三维坐标，并予存储。

（三）悬高测量

遇目标（如高压电线、桥梁桁架等）无法安置棱镜，需要测量其高度时，可以在正对目标的上面或下面安置棱镜，进行测量，称为悬高测量。如图 4-20 所示，为测量高压线垂曲最低点 T 的高度 H_T，在其下面安置反射镜，量取棱镜高 h_1，输入仪器。选择悬高测量模式，瞄准棱镜中心，按距离测量键，测定斜距 S 及棱镜天顶距 Zp。瞄准 T 点，按悬高测量键，测定 T 点天顶距 Zp，即可显示按式（4-26）计算的 T 点离地面的高度为：

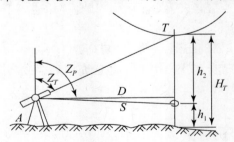

图4-20　悬高测量

$$H_T = h_1 + h_2 = h_1 + S\frac{\sin Z_P}{\tan Z_T} - S \cdot \cos Z_P \qquad (4-18)$$

（四）对边测量

在测站点 O 上安置仪器，分别对目标点 A 和 B（两点之间是否通视不限）进行观测，

从而推算出 $A \sim B$ 的平距、斜距和高差，称为对边测量。对边测量有两种模式：辐射式（测量 $A \sim B$，$A \sim C$，$A \sim D$，…的距离）和连续式（测量 $A \sim B$，$B \sim C$，$C \sim D$，…的距离），供选择使用。

操作时，先输入测站 O 的仪器高，选择对边测量模式。输入各目标点的点号和棱镜高，瞄准第一目标点 A，按测量键，再依次瞄准 B，C，D，…，每按一次测量键，即分别显示相应两点之间的平距和高差。

（五）面积测量

测量 3 个或 3 个以上目标点连线所围成的闭合多边形面积，为面积测量。各点坐标可以实时测得，也可以从内存调用或手工输入，点与点之间只用直线相连。

操作时，先选择面积测量模式。按屏幕提示依次输入被测点点号和棱镜高，并瞄准目标后按测量键。完毕后，屏幕即显示由目标点组成的闭合图形的面积、周长、点数等成果。

全站仪的程序测量模式还可用于施工测量的点位坐标放样，有关内容见项目六。

项目小结

（1）钢尺量距的方法包括直线定线和分段往返丈量，精密量距需要施加尺长改正、温度改正和倾斜改正。

（2）视距测量是用经纬仪和标尺同时测定两点间的水平距离和高差的一种方法，用十字丝的上、中、下三丝对标尺进行读数，同时观测中丝所指目标点的竖直角，并量取仪器高，即可通过倾斜视线的视距公式，计算出测站至目标点的水平距离和高差。

（3）光电测距常用的是相位式测距仪，其测距原理为通过测定光波往返测程所产生的相位差，间接测定光波往返测程所耗费的时间，从而推算测站到目标的水平距离。

（4）全站仪是一种将光电测距仪、电子经纬仪、微处理器和电子手簿合为一体的新型电子测量仪器，即可全部完成测站上所有的距离、角度和高程测量以及点位的测设和施工放样等工作，还可通过调用相应的软件，进行程序测量。

课后训练

一、填空题

1．分段进行钢尺量距时，距离的计算公式为_____，往返丈量距离的平均值为_____，相对误差的计算公式为_____。

2．精密量距时，尺长改正的计算公式为_____，温度改正的计算公式为_____，倾斜改正的计算公式为_____；钢尺尺长方程式的一般形式为_____。

3．倾斜视线的视距测量计算公式：$D_{\text{平}}=$_____，$h_{AB}=$_____，$H_B=$_____。

（以上公式均应说明各元素的含义）

4. 光电测距仪的标称精度为 $m_D=\pm（A+B \cdot 10^{-6} \cdot D）$，式中 A 是＿＿＿＿＿＿，意为＿＿＿＿＿＿，B 是＿＿＿＿＿＿，意为＿＿＿＿＿＿。

二、练习题

1. 已知某钢尺尺长方程式为 $l_t=30.0m-0.005m+1.25\times10^{-5}/1℃\times30.0m\times（t-20）℃$，当 $t=30℃$ 时，用该钢尺量得 AB 的倾斜距离为 230.70m，每尺段两端高差平均值为 0.15m，求 AB 间的水平距离（计算至 mm）。

2. 完成表 4-2 中视距测量的有关计算。

表4-2　视距测量手簿

测站高程 32.16m　　　　　　　　　　　　　　　　　　　　仪器高 $i=1.56m$

点号	下丝读数 上丝读数 /m	视距间隔 l/m	中丝读数 S/m	竖盘读数/ °′″	竖直角/ °′″	水平距离 D/m	高差 h/m	高程 H/m
1	1.880 1.242		1.56	87°18′				
2	2.875 1.120		2.00	93°18′				

三、思考题

1. 钢尺量距为何要进行直线定线？如果定线不准，或量距时钢尺不水平、中部下垂等，会使丈量的结果大于还是小于正确距离？

2. 钢尺量距和视距测量会受哪些误差的影响？钢尺的尺长改正数和视距测量的乘常数如何检定？

3. 简述相位式测距仪的测距原理。一般相位式测距仪为何至少采用两种以上频率的光波进行测距？什么是测距仪的加常数、乘常数和周期误差，可分别采用什么方法加以测定？

4. 简述全站仪的组成、性能指标、测量模式、使用方法和注意事项。全站仪的程序测量包括哪些内容？

项目五 测量误差及其处理

任务目标

了解测量误差的概念，能运用测量误差及其处理的基本知识，计算测量基本工作的直接观测值的最可靠值并对其精度进行评定。

情景导入

小刘是建筑公司的一名测量人员，在某个施工工地，他在 1∶1000 比例尺地形图上，量得 A，B 两点间的距离 d_{AB}=134.6mm，其中误差 m_{dAB}= ± 0.2mm，请问 A，B 两点间的实地距离 D_{AB} 及其中误差 m_{DAB} 分别是多少？

任务一 测量误差概述

任何测量工作都会受到种种不利因素的影响，致使观测值中含有各种误差。误差是客观存在，可以采取相应的措施削弱以致消除其影响，或通过一定的方法将误差控制在容许的范围以内。

一、测量误差的来源与分类

（一）观测值及其误差

如前所述，测量就是采用合适的仪器、工具和方法，对各种地物、地貌的几何要素进行量测，被量测几何要素的真实值称为真值，量测获得的数据称为观测值，观测值 L_i 与真值 X 之差即为观测值的真误差 Δ_i：

$$\Delta_i = L_i - X \quad (i = 1, 2, 3, \cdots, n) \tag{5-1}$$

（二）测量误差的来源

产生测量误差的来源有以下 3 个方面：

1. 测量仪器

受到设计、材料或工艺水平的限制，测量仪器的构造总有欠精密或不完善之处，长期使用，亦会受到磨损或震动，即使经过仔细的检验和校正，也会含有剩余误差。

2．观测者

受到生理、感官等功能的限制，观测者在仪器的安置、照准和读数等方面总会产生一些误差。

3．外界条件

测量总是在现场进行的，自然会受到气温、阳光、风力等各种外界条件变化的干扰，这些都会给测量成果造成误差。

（三）测量误差的分类

由于受到各种因素的影响，测量成果中可能包含误差、粗差，甚至错误。错误是在观测时碰动脚架、读错听错算错等，是不允许的，应通过加强责任心，防止发生；粗差是超过容许范围的误差，也不符合要求，必须通过检核，查找产生粗差的原因，加以剔除，并对成果进行重测；而误差通常是指限差以内的差值，为观测所不可避免的。根据对测量成果影响的性质，可将误差分为以下两类：

1．系统误差

系统误差是指在相同的观测条件下对某量作一系列的观测，其数值和符号均相同，或按一定规律变化的误差。例如，距离测量时钢尺的实际长和名义长不相等引起的尺长误差，每量一段，误差的大小符号都不变，从而使得误差的影响具有累积性；又如水准仪的 i 角对标尺读数的影响与视距的长短成正比，当水准测量一个测站的前、后视距相差较大时，就可能使高差受到显著影响。

尽管如此，只要采取恰当的方法就可以将系统误差的影响予以消除。如钢尺定期检定其尺长改正数，据此对测量成果加以改正；水准测量注意使测站的前后视距相等，从而使测站高差不再含有 i 角误差的影响等。经纬仪的视准轴误差、横轴误差和竖盘指标差也都属于系统误差，测量水平角和竖直角时，只要采用盘左、盘右取平均的方法，就可以较好地消除它们的影响。

2．偶然误差

偶然误差是指在相同的观测条件下对某量作一系列的观测，其数值和符号均不固定，或看上去没有一定规律的误差。例如，受到人眼分辨率或望远镜放大倍率的限制，水准测量毫米位的估读和角度测量秒位的估读，有可能忽大忽小；因气象条件的变化，造成目标影像忽明忽暗，致使照准目标可能忽左忽右。这些误差都具有偶然性，在概率论中，称偶然性为随机性，因而偶然误差又称随机误差。偶然误差表面无规律可言，但在相同条件下对某量进行重复观测后，即可从统计学的观点看出偶然误差实际上仍然具有一定的规律。概率论就是研究随机误差规律性的科学。

由于受到仪器性能、观测员生理功能的限制及外界条件变化的影响，偶然误差总是不可避免地存在于观测值中。既然系统误差的影响可以采用恰当的方法予以消除，而偶然误差的影响又不可避免，因此，本项目主要讨论偶然误差的规律（即特性）及对观测值进行简单数学处理的方法，以求出测量成果最接近真值的估值（又称最或是值），并对含有偶然误差观测成果的精度进行评定。

二、偶然误差的特性

如上所述，偶然误差的随机性是表面的，运用统计学的方法对大量观测成果进行分析，即可看出偶然误差实际含有的内在规律。

例如，在相同的观测条件下，对某三角形的三个内角重复观测了 217 次。由于观测值中存在偶然误差，三角形的三个内角观测值之和 L 一般不等于其真值 180°，则每次观测后可得三角形的闭合差为：

$$\Delta_i = L_i - 180° \quad (i = 1，2，3，\cdots，n)$$

Δi 即每次观测三角形内角和的真误差。现将 217 个真误差按 3″为一区间，以误差值的大小及其正负号进行排列，统计出各误差区间的个数 k 及相对个数 $\dfrac{k}{217}$，列于表 5-1。

表5-1　三角形内角和观测试验误差统计表

误差区间（3″）	正误差		负误差		合计	
	个数 k	相对个数 k/n	个数 k	相对个数 k/n	个数 k	相对个数 k/n
0～3	30	0.138	29	0.134	59	0.272
3～6	21	0.097	20	0.092	41	0.189
6～9	15	0.069	18	0.083	33	0.152
9～12	14	0.065	16	0.073	30	0.138
12～15	12	0.055	10	0.046	22	0.101
15～18	8	0.037	8	0.037	16	0.074
18～21	5	0.023	6	0.028	11	0.051
21～24	2	0.009	2	0.009	4	0.018
24～27	1	0.005	0	0	1	0.005
27 以上	0	0	0	0	0	0
总和	108	0.498	109	0.502	217	1.000

由表 5-1 可以看出，小误差出现的个数较大误差出现的个数多；绝对值相等的正负误差出现的个数相近；绝对值最大的误差不超过某一定值（本例为 27″）。由此试验统计结果表明，当观测次数较多时，偶然误差具有以下特性：

（1）在一定的观测条件下，偶然误差的绝对值不会超过一定的限度。

（2）绝对值小的误差比绝对值大的误差出现的机会大。

（3）绝对值相等的正误差和负误差出现的机会相等。

（4）当观测次数无限增多时，偶然误差的算术平均值趋近于零，即：

$$\lim_{n\to\infty}\frac{\Delta_1 + \Delta_1 + \cdots + \Delta_n}{n} = \lim_{n\to\infty}\frac{[\Delta]}{n} = 0 \qquad （5\text{-}2）$$

实践表明，一般的测量误差中均存在上述 4 条特性，相同条件下观测次数越多，其特性表现得越明显。

图 5-1 是一种误差分布直方图，可用来更加直观地反映误差分布的情况。其横坐标表示误差 Δ 的大小，纵坐标表示各区间误差出现的相对个数 $\frac{k}{n}$（即频率）除以误差区间的间隔值 $d\Delta$（本例为 0.2″）。这样，每个区间上方的长方形面积就代表误差出现在该区间的频率。例如，图中有斜线的长方形面积就代表误差出现在 +0.4″～+0.6″ 区间内的频率为 0.092。

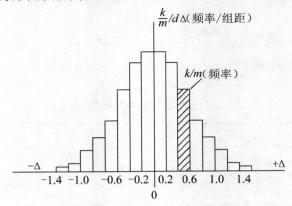

图5-1　误差分布直方图

若使观测次数无限增多，即使 n→∞，并将区间 dΔ 分得无限小（dΔ→0），此时各区间内的频率将趋于稳定而成为概率，直方图的顶端连线将变成一条光滑而又对称的曲线（图5-2），称为误差分布曲线。因由高斯提出，所以又称高斯正态分布曲线。曲线上任一点的纵坐标 y，均为偶然误差Δ的函数，其函数形式为：

$$y = f(\Delta) = \frac{1}{\sqrt{2\pi}\sigma}e^{-\frac{\Delta^2}{2\sigma^2}} \qquad （5\text{-}3）$$

式中 e=2.7183 为自然对数的底，σ 为观测值的标准差，其平方σ²称为方差。图 5-2 中斜线长方条的面积 f(Δ)·dΔ，表示偶然误差出现在微小区间（Δi+2dΔ，Δi-2dΔ）内的概率，记为：

$$P（\Delta_i）= f（\Delta_i）\cdot d\Delta \qquad （5\text{-}4）$$

图中分布曲线与横坐标轴所包围的面积为 $\int_{-\infty}^{+\infty} f（\Delta）\cdot d\Delta = 1$（直方图中所有长方形的面积总和也等于 1），即偶然误差出现的概率总和为 1，概率论上称为必然发生的事件，简称必然事件。

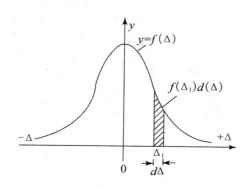

图5-2　误差正态分布曲线

　　偶然误差既是必然发生，就不能通过施加改正或采用某种观测方法加以消除，只能在增加观测量的前提下，应用恰当的数学处理方法，削弱偶然误差的影响，以提高测量成果的精度。

任务二　评定精度的指标

　　既然测量成果中不可避免地含有偶然误差，就需要一种评定精度的指标，用以评判测量成果的优劣。测量中最常用的评定精度的指标是中误差。

一、中误差

　　设在相同条件下，对真值为X的量作n次观测，每次观测值为L_i，其真误差Δ_i为：

$$\Delta_i = L_i - X \quad (i = 1, 2, 3, \cdots, n) \tag{5-5}$$

则中误差m的定义公式为：

$$m = \pm\sqrt{\frac{[\Delta\Delta]}{n}} \tag{5-6}$$

　　概率论中衡量观测值精度的指标为观测误差的标准差σ，其定义公式为：

$$\sigma^2 = \lim_{n \to \infty} \frac{[\Delta\Delta]}{n} \tag{5-7}$$

　　比较式（5-6）和式（5-7）可见，标准差σ与中误差m的区别在于观测值的个数不同。标准差是设想根据无限多个观测值计算的理论上的观测精度；而中误差则是由有限个观测值计算的观测精度，实际上是一种观测精度的近似值，统计学上称为估值。n越大，m越趋近于σ。

　　在使用中误差评定观测值的精度时，需要注意以下几点：

（1）所用的Δi既可以是同一量观测值的真误差，也可以是不同量观测值的真误差，但观测值的精度必须相等，且个数较多。因为只有等精度观测值才对应同一个误差分布，也才具有相同的中误差，而中误差又是根据统计学的原理来衡量观测值精度的，如果观测值的个数太少，即不符合统计学的要求，自然也就失去其用以衡量精度的可靠性。

（2）依据式（5-6）计算的中误差，代表一组等精度观测中每一个观测值的精度。一组观测值的真误差有大有小，可正可负，那是偶然误差造成的。但它们既是在相同条件（即相同的观测员、使用相同的仪器、在相同的外界环境）下所获得的，精度就可以认为是相等的，即它们中每一个的中误差都相同，等于算得的m值。所以m一经算出，即代表该组中每个观测值的精度。

（3）中误差数值前应冠以"±"号，一方面表示为方根值，另一方面也体现中误差所表示的精度实际上是误差的某个区间。

例如，有甲、乙两组各含 10 个观测值，其真误差分别为：

甲组：+3，-2，-4，+2，0，-4，+3，+2，-3，-1

乙组：0，-1，-7，+2，+1，+1，-8，0，+3，-1

则依据式（5-6）可计算两组观测值的中误差分别为：

$$m_甲 = \pm \sqrt{\frac{(3^2 + 2^2 + 4^2 + 2^2 + 0 + 4^2 + 3^2 + 2^2 + 3^2 + 1^2)}{10}} = \pm 2.7$$

$$m_乙 = \pm \sqrt{\frac{(0 + 1^2 + 7^2 + 2^2 + 1^2 + 1^2 + 8^2 + 0 + 3^2 + 1^2)}{10}} = \pm 3.6$$

即知，甲乙两组中每个观测值的精度可分别以±2.7 和±3.6 表示，而同一组中真误差的差异，只是偶然误差的反映。由于 $m_甲 < m_乙$，所以，甲组观测值较乙组观测值的精度高，显然这是由于甲组观测值中真误差的离散程度小于乙组观测值中的离散程度所致。亦可看出，中误差之所以能作为衡量精度的指标，正是因为它能充分反映绝对值大的误差的影响。

二、容许误差

偶然误差的第一特性表明，在一定的条件下，误差的绝对值是有一定限度的。在衡量某一观测值的质量，决定其取舍时，可以该限度作为限差，即容许误差。

由概率论知，在一组等精度观测中，设误差的标准差为σ，误差落在区间$(-\sigma，+\sigma)$，$(-2\sigma，+2\sigma)$，$(-3\sigma，+3\sigma)$的概率（图 5-3）分别为：

$$\left. \begin{array}{l} P(-\sigma < \Delta < +\sigma) \approx 68.3\% \\ P(-2\sigma < \Delta < +2\sigma) \approx 95.4\% \\ P(-3\sigma < \Delta < +3\sigma) \approx 99.7\% \end{array} \right\} \tag{5-8}$$

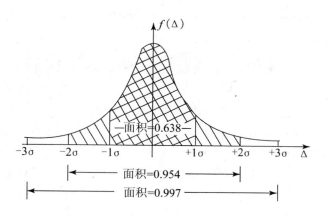

图5-3　不同区间的误差分布概率

式（5-8）说明，绝对值大于两倍中误差的误差出现的概率仅为 4.6%，而绝对值大于三倍中误差的误差出现的概率只有 0.3%，更是属于小概率事件，难以发生。因此测量规范中，通常规定以两倍（要求较严）或三倍（要求较宽）中误差作为偶然误差的容许误差或限差，即：

$$\Delta_{限}=（2-3）m \tag{5-9}$$

所谓限差也就是容许范围内的误差和粗差的界限，一旦超限就说明观测值中含有粗差甚至错误，必须舍去，或予重测。

三、相对误差

并非所有的测量工作，都适于用中误差来完全表达成果的精度。例如，对两段长度分别为 100m 和 1 000m 的距离进行测量，其中误差均为 ±0.1m，能否说明二者的精度相等？显然不能，因为后者的精度明显高于前者。而这里就应采用相对中误差作为衡量精度的指标，简称相对误差。所谓相对中误差就是中误差之绝对值（设为 $|m|$）与观测值（设为 D）相除，再将分子化为 1，分母取其整数后的比值（常以 K 表示），如式（5-10）所示。

$$K=\frac{|m|}{D}=\frac{1}{D/|m|} \tag{5-10}$$

如该两段距离测量，前者的相对误差为 $K_1=\dfrac{0.1}{100}=\dfrac{1}{1\ 000}$，后者的相对误差则为

$K_2=\dfrac{0.1}{1\ 000}=\dfrac{1}{10\ 000}$。显然，后者测量的精度高于前者。

一般当误差大小与被量测量的大小之间存在比例关系时，适于采用相对误差作为衡量观测值精度的标准，例如，距离测量。而角度测量中，测角误差与被测角度的大小不相关，因而，就不宜采用相对误差来衡量测角精度。

距离测量中，容许误差与被量测距离之比也是相对误差，称为相对容许误差。

任务三 观测值函数的中误差

实际测量工作中，有些未知数并不能直接由观测得到，而是观测值的函数。例如，水准测量中，所求的测站高差 $h=a-b$，就是标尺读数 a 和 b 的函数；而坐标正算所求两点之间的坐标增量 $\Delta x=D \cdot \cos\alpha$，$\Delta y=D \cdot \sin\alpha$，就是直接测量的边长和方位角的函数。观测值存在的误差，也必然会传播到其函数中，从而产生观测值函数的中误差。表述观测值中误差与其函数中误差之间关系的定律称为误差传播定律。

一、误差传播定律

（一）倍数函数

设有函数

$$Z = kx \tag{5-11}$$

式中，x 为观测值，k 为常数，Z 即为 x 的倍数函数。已知 x 之中误差为 m_x，求 Z 之中误差 m_z。

设 x 和 Z 存在真误差分别为 Δx 和 ΔZ，据其函数式，显然有：

$$\Delta Z = k\Delta x$$

若 x 观测了 n 次，则有：

$$\Delta Z_i = k\Delta x_i \quad (i = 1, 2, 3, \cdots, n) \tag{5-12}$$

将式（5-12）两端平方得：

$$\Delta Z_i^2 = k^2 \Delta x^2 \quad (i = 1, 2, 3, \cdots, n) \tag{5-13}$$

按式（5-13）求和，并除以 n 得：

$$\frac{[\Delta Z^2]}{n} = k^2 \frac{[\Delta x^2]}{n} \tag{5-14}$$

据中误差定义，式（5-14）可写为：

$$m_Z^2 = k^2 m_x^2$$

或

$$m_Z = \pm k \cdot m_x \tag{5-15}$$

即倍数函数的中误差等于观测值中误差与其倍数的乘积。

【例 5-1】在 1:1 000 比例尺地形图上，量得 A，B 两点间的距离 $d_{AB}=134.6$mm，其中误差 $m_{d_{AB}}=\pm 0.2$mm，求 A，B 两点间的实地距离 D_{AB} 及其中误差 $m_{D_{AB}}$。

解：　$D_{AB} = 1\,000 \times d_{AB} = 1\,000 \times 134.6\text{mm} = 134\,600\text{mm} = 134.6\text{m}$

　　　$m_{D_{AB}} = \pm 1\,000 \cdot m_{d_{AB}} = \pm 1\,000 \times 0.2\text{mm} = \pm 200\text{mm} = \pm 0.2\text{m}$

则 A，B 两点间的实地距离可表达为：

$$D_{AB} = （134.6 \pm 0.2）\text{m}$$

（二）和差函数

设有函数

$$Z = x \pm y \qquad (5-16)$$

式中，x，y 为独立观测值，Z 即为 x，y 的和（或差）函数，合称和差函数。已知 x，y 之中误差分别为 m_x，m_y，求 Z 之中误差 m_z。

设 x，y 和 Z 存有真误差分别为 Δx，Δy 和 ΔZ，据其函数式，显然有：

$$\Delta Z = \Delta x \pm \Delta y$$

若 x，y 观测了 n 次，则有：

$$\Delta Z_i = \Delta x_i \pm \Delta y_i \qquad (5-17)$$

将式（5-17）平方得：

$$\Delta Z_i^2 = \Delta x_i^2 + \Delta y_i^2 \pm 2\Delta x_i \Delta y_i \quad (i = 1, 2, 3, \cdots, n) \qquad (5-18)$$

按式（5-18）求和，并除以 n 得：

$$\frac{[\Delta Z^2]}{n} = \frac{[\Delta x^2]}{n} + \frac{[\Delta y^2]}{n} \pm \frac{2[\Delta x \cdot \Delta y]}{n}$$

因为 Δx，Δy 均为偶然误差，其符号或正或负的机会相同，又因为 Δx，Δy 互为独立误差，它们出现的正、负号互不相关，所以其乘积 $\Delta x \cdot \Delta y$ 也具有偶然性。根据偶然误差第四特性，即有：

$$\lim_{n \to \infty} \frac{[\Delta x_i \cdot \Delta y_i]}{n} = 0$$

实际上，对于独立观测值而言，即使 n 为有限量，$[\Delta x \cdot \Delta y]/n$ 的残存值也不大，一般可以忽略其影响。

因此，根据中误差的定义即得：

$$m_z^2 = m_x^2 + m_y^2$$

或

$$m_z = \pm \sqrt{m_x^2 + m_y^2} \qquad (5-19)$$

即和差函数的中误差等于观测值中误差平方之和的平方根。

【例5-2】设对某三角形观测了其中 a, b 两个角，测角中误差分别为 $m_a = \pm 4.3''$，$m_b = \pm 5.4''$，求按公式 $c = 180° - a - b$ 计算的第三角 c 的中误差 m_c。

解：$m_c = \pm \sqrt{m_a^2 + m_b^2} = \left(\pm \sqrt{4.3^2 + 5.4^2} \right)'' = \pm 6.9''$

（三）线性函数

设 Z 是一组独立观测值 x_1，x_2，$\cdots$，x_n 之线性函数（k_1，K_2，$\cdots$，k_n 为常数），即：

$$Z = k_1 x_1 \pm k_2 x_2 \pm \cdots k_n x_n \qquad (5-20)$$

将式（5-15）与式（5-19）加以综合和推广，即可根据观测值的中误差 $m_{x1}, m_{x2}, m_{x3}, \ldots, m_{xn}$。求得函数 Z 的中误差 m_z 为：

$$m_Z = \pm \sqrt{k_1^2 m_{x_1}^2 + k_2^2 m_{x_2}^2 + \cdots + k_n^2 m_{x_n}^2} \tag{5-21}$$

【例5-3】自 A 点经 B 点至 C 点进行支水准往返测量（图5-4），设各段往返所测高差及其中误差分别为：

往测：
$$h_{AB} = +2.426m \pm 4mm$$
$$h_{BC} = -1.574m \pm 6mm$$

返测：
$$h_{CB} = +1.562m \pm 6mm$$
$$h_{BA} = -2.440m \pm 4mm$$

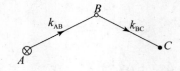

图5-4　支水准测量

求 A 点至 C 点间的高差 h_{AC} 及其中误差 $m_{h_{AC}}$。

解
$$h_{AC} = \left[\frac{(2.426 + 2.440)}{2} - \frac{(1.574 + 1.562)}{2} \right]m = +0.865m$$

$$m_{h_{AC}} = \left[\pm \sqrt{\frac{1}{4}(4^2 + 4^2) + \frac{1}{4}(6^2 + 6^2)} \right]^{mm} = \pm\sqrt{8+18}mm = \pm 5.1mm$$

A 点至 C 点间的实测高差可表达为 $h_{AC} = +0.865m \pm 5.1mm$

（四）非线性函数

非线性函数即一般函数，其形式为：
$$Z = f(x_1, x_2, \cdots, x_n) \tag{5-22}$$

式中 x_i（$i=1, 2, \cdots, n$）为独立观测值，已知其中误差为 m_{xi}（$i=1, 2, \cdots, n$），求 Z 的中误差 m_Z。

对式（5-22）进行全微分，即可将其按泰勒级数展开成线性函数形式：
$$dZ = \frac{\partial f}{\partial x_1}dx_1 + \frac{\partial f}{\partial x_2}dx_2 + \cdots \frac{\partial f}{\partial x_n}dx_n \tag{5-23}$$

因真误差均很小，可用来代替式（5-23）的 dZ, dx_1, dx_2, $\cdots$, dx_n，得真误差关系式：
$$\Delta Z = \frac{\partial f}{\partial x_1}\Delta x_1 + \frac{\partial f}{\partial x_2}\Delta x_2 + \cdots \frac{\partial f}{\partial x_n}\Delta x_n \tag{5-24}$$

式中，$\frac{\partial f}{\partial x_i}$（$i = 1, 2, \cdots, n$）是函数对各变量所取的偏导数，以观测值代入，其值即为常数，因而式（5-24）即成为线性函数的真误差关系式，依式（5-21）可得一般函数

Z 的中误差 m_Z 为：

$$m_Z = \pm \sqrt{\left(\frac{\partial f}{\partial x_1}\right)^2 m_{x_1}^2 + \left(\frac{\partial f}{\partial x_2}\right)^2 m_{x_2}^2 + \cdots + \left(\frac{\partial f}{\partial x_n}\right)^2 m_{x_n}^2} \qquad (5-24)$$

【例 5-4】已测 $A \sim B$ 点间的平距 $D = 184.62\text{m} \pm 5\text{cm}$，方位角 $\alpha = 146°22'40'' \pm 20''$，求 $A \sim B$ 点坐标增量 Δx，Δy 及其中误差 $m_{\Delta x}$，$m_{\Delta y}$ 以及 B 点的点位中误差 m。

解：$A \sim B$ 点坐标增量 Δx，Δy：

$$\Delta x = D \cdot \cos\alpha = (184.62 \times \cos 146°22'40'')\text{m} = -153.73\text{m}$$
$$\Delta y = D \cdot \sin\alpha = (184.62 \times \sin 146°22'40'')\text{m} = +102.23\text{m}$$

Δx，Δy 分别对 D 和 α 求偏导数：

$$\frac{\partial(\Delta x)}{\partial D} = \cos\alpha = -0.833$$

$$\frac{\partial(\Delta y)}{\partial D} = \sin\alpha = +0.544$$

$$\frac{\partial(\Delta x)}{\partial \alpha} = -D \cdot \sin\alpha = -184.62 \times 0.544 = -102.280$$

$$\frac{\partial(\Delta y)}{\partial \alpha} = D \cdot \cos\alpha = 184.62 \times (-0.833) = -153.78$$

Δx，Δy 的中误差 $m_{\Delta x}$，$m_{\Delta y}$：

$$m_{\Delta x} = \left[\pm\sqrt{\left(\frac{\partial(\Delta x)}{\partial D}\right)^2 m_D^2 + \left(\frac{\partial(\Delta x)}{\partial \alpha}\right)^2 \left(\frac{m_\alpha}{\rho''}\right)^2}\right]\text{cm}$$

$$= \left[\pm\sqrt{0.833^2 \times 5^2 + 10\,228^2 \left(\frac{20}{\rho''}\right)^2}\right]\text{cm} = \pm 4.28\text{cm}$$

$$m_{\Delta y} = \left[\pm\sqrt{\left(\frac{\partial(\Delta y)}{\partial D}\right)^2 m_D^2 + \left(\frac{\partial(\Delta y)}{\partial \alpha}\right)^2 \left(\frac{m_\alpha}{\rho''}\right)^2}\right]\text{cm}$$

$$= \left[\pm\sqrt{0.544^2 \times 5^2 + 15\,378^2 \left(\frac{20}{\rho''}\right)^2}\right]\text{cm} = \pm 3.13\text{cm}$$

B 点的点位中误差 m：

$$m = \pm\sqrt{m_{\Delta x}^2 + m_{\Delta y}^2} = (\pm\sqrt{4.28^2 + 3.13^2})\text{cm} = \pm 5.30\text{cm}$$

注意，计算式中，m_D 及 $\frac{\partial(\Delta x)}{\partial \alpha}$，$\frac{\partial(\Delta y)}{\partial \alpha}$ 的单位均为 cm，$\frac{m_\alpha}{\rho''}$ 是将角值的单位由秒化为弧度，以便根号内两项的单位相一致（均为 cm）。

式（5-25）为误差传播定律的通式，而式（5-15），式（5-19）和式（5-21）实际上是该通式的特例。4 种函数的误差传播公式归纳见表 5-2。

表5-2 观测值函数中误差计算公式表

函数名称	函数式	函数中误差计算式
倍数函数	$Z=kx$	$m_Z=\pm k \cdot m_x$
和差函数	$Z=x\pm y$	$m_Z=\pm\sqrt{m_x^2+m_y^2}$
线性函数	$Z=k_1x_1\pm k_2x_2\pm \cdots k_nx_n$	$m_Z=\pm\sqrt{k_1^2m_{x_1}^2+k_2^2m_{x_2}^2+\cdots+k_n^2m_{x_n}^2}$
一般函数	$Z=f(x_1,\ x_2,\ \cdots,\ x_n)$	$m_Z=\pm\sqrt{\left(\dfrac{\partial f}{\partial x_1}\right)^2m_{x_1}^2+\left(\dfrac{\partial f}{\partial x_2}\right)^2m_{x_2}^2+\cdots+\left(\dfrac{\partial f}{\partial x_n}\right)^2m_{x_n}^2}$

应用误差传播定律求观测值函数的中误差时，首先应按问题的要求写出函数式，而后运用表 5-2 中相应的公式来计算。对一般函数，应先对函数式进行全微分，写出函数与观测值的真误差关系式，再按式（5-25）计算之。

二、误差传播定律在测量中的应用示例

（一）DS3 型水准仪进行一般水准测量，路线高差闭合差限差的依据

1. 水准尺的读数中误差

影响水准尺读数的主要误差有整平误差、照准误差及估读误差。据项目二分析，在用 DS3 型水准仪进行一般水准观测时，视距为 100m，整平误差 $m_平$ 为 ±0.73mm，照准误差 $m_照$ 为 ±1.16mm，估读误差 $m_估$ 为 ±1.5mm，综合可得一个读数的中误差 $m_读$ 为：

$$m_读=\pm\sqrt{m_平^2+m_照^2+m_估^2}=(\pm\sqrt{0.73^2+1.16^2+1.50^2})\ \text{mm}=\pm2.0\text{mm}$$

2. 测站的高差中误差

测站高差等于后视尺与前视尺读数之差（$h=a-b$），属于和差函数，即有：

$$m_站=\pm\sqrt{m_读^2+m_读^2}=(\pm\sqrt{2}\times2.0)\ \text{mm}\approx\pm3.0\text{mm}$$

3. 路线的高差中误差

设一条水准路线共含 n 个测站，总高差为 $h=h_1+h_2+\cdots+h_n$，亦属和差函数，所有测站均可视为等精度观测，测站高差中误差均为 $m_站$，即有：

$$m_h=\pm\sqrt{m_{h_1}^2+m_{h_2}^2+\cdots m_{h_n}^2}=\pm\sqrt{n}\cdot m_站 \tag{5-26}$$

将 $m_站=\pm3.0$mm 代入，可得：

114

$$m_h = \pm 3.0\sqrt{n}\,\text{mm}$$

4. 路线高差的容许误差

同时考虑其他因素的影响，以约 4 倍中误差取整作为容许误差。如果是山地，

$$\Delta h_{容} = （\pm 4 \times 3.0\sqrt{n}）\,\text{mm} \approx \pm 12\sqrt{n}\,\text{mm}$$

如果是平地，按 1km 约 10 个测站计，以千米数 L 代替测站数 n，

$$\Delta h_{容} = （\pm 4 \times 3.0\sqrt{10 \cdot L}）\,\text{mm} \approx \pm 40\sqrt{n}\,\text{mm}$$

以上即为规范规定用 DS3 型水准仪进行一般水准测量时，路线高差闭合差限差的依据。

（二）DJ6 型经纬仪测量水平角，上、下半测回差限差的依据

1. 半测回方向中误差

由经纬仪型号可知，DJ6 测量水平角一个测回的方向中误差为 $m_{回方} = \pm 6''$，而一个测回方向值是上、下半测回方向值（相当于两个方向读数）的平均值，它们的中误差关系式为 $m_{回方} = \pm \dfrac{1}{\sqrt{2}} m_{半方}$，即 $6'' = \pm \dfrac{1}{\sqrt{2}} m_{半方}$，所以半测回方向中误差：

$$m_{半方} = （\pm 6\sqrt{2}）'' = \pm 8.5''$$

2. 半测回角值中误差

半测回角值等于两个半测回方向值之差，所以，半测回角值与半测回方向值的中误差关系式为 $m_{半\beta} = \pm\sqrt{2} \cdot m_{半方}$，即有：

$$m_{半\beta} = （\pm\sqrt{2} \times 8.5）'' = \pm 12.0''$$

3. 上、下半测回角值之差的中误差

上、下半测回角值之差 $\Delta\beta = \beta_{上} - \beta_{下}$，所以其中误差关系式为 $m_{\Delta\beta} = \pm\sqrt{2} \cdot m_{半\beta}$，即有：

$$m_{\Delta\beta} = （\pm\sqrt{2} \times 12.0）'' = \pm 17.0''$$

4. 上、下半测回角值之差的容许误差

以约 2.4 倍中误差取整，即得上、下半测回角值之差 $\Delta\beta$ 的容许误差为：

$$\Delta\beta_{容} = \pm 2.4 \times 17.0 \approx \pm 40.0''$$

以上即为规范规定用 DJ6 型经纬仪测量水平角时，上、下半测回角值之差限差的依据。

任务四 算术平均值及其中误差

在相同条件下对某量进行n次观测，通过数据处理，求出唯一的未知数——被观测量真值的最或是值（即最可靠值），同时评定最或是值的精度，即为等精度直接观测平差。对一组等精度观测值而言，算术平均值就是被观测量真值的最或是值。对其进行直接观测平差，就是求算术平均值及其中误差。

一、算术平均值

设对某量进行n次等精度观测，观测值为L_i（$i = 1, 2, \cdots, n$），其算术平均值为x：

$$x = \frac{L_1 + L_2 + \cdots + L_n}{n} = \frac{[L]}{n} \tag{5-27}$$

一般情况下，被观测量的真值X（如一个角度，一条边长的真值）是无法得知的，而用n次观测值的算术平均值来代替其真值可以认为是很可靠的（即为其最或是值）。

如式（5-5）所示，每个观测值都含有真误差Δ_i：

$$\Delta_1 = L_1 - X$$
$$\Delta_2 = L_2 - X$$
$$\cdots \quad \cdots$$
$$\Delta_n = L_n - X$$

对等式两端取和：

$$[\Delta] = [L] - nX$$

两端同除以n：

$$\frac{[\Delta]}{n} = \frac{[L]}{n} - X \tag{5-28}$$

根据偶然误差的第四特性$\lim_{n \to \infty} \frac{[\Delta]}{n} = 0$可知，当观测值个数$n$趋于无穷大时，式（5-28）左端的极限值为$0$，而右端的第一项即为观测值的算术平均值$x$，即有：

$$\lim_{n \to \infty} x = X \tag{5-29}$$

式（5-29）说明，当观测值个数n趋于无穷大时，观测值的算术平均值就是该量的真值。实际测量中一量的观测次数虽然是有限的，但只要次数较多，求得的算术平均值尽管不是真值，仍然可以认为是很可靠的。因此对一组等精度观测值而言，算术平均值就是被观测量真值的最可靠值，即最或是值。

二、观测值中误差

任务三已给出了观测值中误差的定义公式：

$$m = \pm\sqrt{\frac{[\Delta\Delta]}{n}}$$

式中 Δ 为观测值的真误差：

$$\Delta_i = L_i - X \quad (i = 1, 2, \cdots, n) \tag{5-30}$$

如前所述，由于某量的真值 X 一般难以得知，观测值的真误差也就难以计算，因而，根据定义公式求观测值的中误差往往并不可行。由于观测值的算术平均值 x 总是可求的，算术平均值与每个观测值的差值总是可算的，令该差值为观测值改正数 v_i：

$$v_i = x - L_i \quad (i = 1, 2, \cdots, n) \tag{5-31}$$

即有：

$$v_1 = x - L_1$$
$$v_2 = x - L_2$$
$$\cdots\cdots$$
$$v_n = x - L_n$$

两端取和得：

$$[v] = nx - [L] = n\frac{[L]}{n} - [L] = 0 \tag{5-32}$$

即观测值改正数具有特性：总和为 0，可用于计算时的检核。由此，可以推导出用改正数计算观测值中误差的实用公式。

将式（5-30）、式（5-31）二式两端分别相加并移项得：

$$\Delta_i = x - X - v_i \quad (i = 1, 2, \cdots, n)$$

即有：

$$\Delta_1 = x - X - v_1$$
$$\Delta_2 = x - X - v_2$$
$$\cdots\cdots$$
$$\Delta_n = x - X - v_n$$

各式两端自乘后再取和得：

$$[\Delta\Delta] = n \cdot (x - X)^2 + [vv] - 2(x - X)[v]$$

将式（5-32）$[v]=0$ 代入得：

$$[\Delta\Delta] = n \cdot (x - X)^2 + [vv]$$

两端同除以 n：

$$\frac{[\Delta\Delta]}{n} = (x - X)^2 + \frac{[vv]}{n} \tag{5-33}$$

式（5-33）右端第一项为：

$$(x - X)^2 = \left(\frac{[L]}{n} - X\right)^2 = \left(\frac{[L] - nX}{n}\right)^2 = \left(\frac{[\Delta]}{n}\right)^2$$

$$= \frac{1}{n^2}\left(\Delta_1^2 + \Delta_2^2 + \cdots \Delta_n^2 + 2\Delta_1\Delta_2 + 2\Delta_2\Delta_3 + \cdots\right)$$

$$= \frac{1}{n^2}[\Delta\Delta] + \frac{2}{n^2}\left(\Delta_1\Delta_2 + \Delta_2\Delta_3 + \cdots\right)$$

由于 Δ_1，Δ_2，$\cdots$，Δ_n 均为偶然误差，且彼此独立，故 Δ_1，Δ_2，Δ_3，Δ_4，$\cdots$，也具有偶然误差的性质，当 $n \to \infty$ 时，其和（$\Delta_1\Delta_2 + \Delta_2\Delta_3 + \cdots$）亦趋近于 0，于是式（5-33）可写为：

$$\frac{[\Delta\Delta]}{n} = \frac{[\Delta\Delta]}{n^2} + \frac{[vv]}{n}$$

根据中误差的定义公式又可写为：

$$m^2 = \frac{m^2}{n} + \frac{[vv]}{n}$$

即得：

$$m = \pm\sqrt{\frac{[vv]}{n - 1}} \tag{5-34}$$

式（5-34）即为利用观测值改正数计算观测值中误差的实用公式。

三、算术平均值中误差

据算术平均值的定义式（5-27）知：

$$x = \frac{[L]}{n} = \frac{1}{n}L_1 + \frac{1}{n}L_2 + \cdots + \frac{1}{n}L_n$$

又因 L_i 均为等精度观测，具有相同的中误差 m，运用误差传播定律可得：

$$m_x = \pm\sqrt{\left(\frac{1}{n}\right)^2 m^2 + \left(\frac{1}{n}\right)^2 m^2 + \cdots + \left(\frac{1}{n}\right)^2 m^2}$$

即：

$$m_x = \pm\frac{m}{\sqrt{n}} \tag{5-35}$$

将式（5-34）代入式（5-35），又可得：

$$m_x = \pm\sqrt{\frac{[vv]}{n(n - 1)}} \tag{5-36}$$

由式（5-35）和式（5-36）可见，算术平均值的中误差与观测次数的平方根成反比，即算术平均值较观测值的精度提高$\sqrt{n}$倍。

【例 5-5】对某段距离进行了 6 次等精度测量，观测值列于表 5-3，求该距离的最或是值及其中误差。

解：计算步骤：

（1）计算最或是值即算术平均值 x

$$x = \frac{[L]}{6} = 348.360\text{m}$$

（2）计算观测值改正数v_i

$$v_1 = L_i - x \quad (i = 1, 2, \cdots, n)$$

表5-3　距离测量成果计算表

观测次数	观测值 L/m	v/mm	vv
1	348.367	+7	49
2	348.359	−1	1
3	348.364	+4	16
4	348.350	−10	100
5	348.366	+6	36
6	348.354	−6	36
	$x = \frac{[L]}{6} = 348.360$	[v]=0	[vv]=238

检核：计算[v]，看其是否为 0。如果由于凑整误差使算得的[v]为一微小数值，也应视为计算无误。本例计算[v]=0，说明检核通过。再计算各v_i之平方，得[vv]=238。

（3）计算观测值中误差

$$m = \pm\sqrt{\frac{[vv]}{n-1}} = \pm\sqrt{\frac{238}{6-1}} = \pm6.9\text{mm}$$

（4）计算算术平均值中误差

$$m_x = \pm\frac{m}{\sqrt{n}} = \pm\frac{6.9}{\sqrt{6}}\text{mm} = \pm2.8\text{mm}$$

（5）计算算术平均值的相对中误差

$$K = \frac{1}{x/|m_x|} = \frac{1}{348.36/0.0028} = \frac{1}{124\,400}$$

因该例为距离测量，所以需进行相对误差的计算，否则，该项计算免去。

119

任务五　加权平均值及其中误差

在不同条件下对某量进行n次观测，通过数据处理，求出唯一的未知数——被观测量真值的最或是值，同时评定最或是值的精度，即为不等精度直接观测平差。不等精度直接观测平差，首先需要通过一组比值来确定观测值之间精度不等的程度，这样一组比值称为权，再根据权计算所有观测值的加权平均值（即被观测量的最或是值）及其中误差。

一、权的概念和测量基本工作中权的确定

（一）权的概念

人们在做一件事之前，首先应当"权衡利弊"，就是说用权来衡量其利弊，三思而行，可见权的概念在日常生活中应用广泛。而在测量中，则可以用权来衡量观测值之间可靠程度的不同。

设观测值L_i（$i = 1$，2，$\cdots$，n）的中误差为m_i，其权的定义为：

$$P_i = \frac{\sigma_0^2}{m_i^2} \tag{5-37}$$

式中，σ_0^2为一正的常数，可以任意假设，但对一组观测值而言，σ_0^2必须相同。式（5-37）表明，观测值的权和其中误差的平方成反比。

设对某角度在不同条件下进行了 3 次观测，它们的中误差分别为$m_1 = \pm3''$，$m_2 = \pm4''$，$m_3 = \pm5''$由式（5-37）可定它们的权分别为$P_1 = \frac{\sigma_0^2}{3^2}$，$P_2 = \frac{\sigma_0^2}{4^2}$，$P_3 = \frac{\sigma_0^2}{5^2}$，

假设$\sigma_0^2 = 1$，则有：

$$P_1 = \frac{1}{9} = 0.11, \ P_2 = \frac{1}{16} = 0.06, \ P_3 = \frac{1}{25} = 0.04$$

假设$\sigma_0^2 = 3^2$，则有：

$$P_1 = \frac{9}{9} = 1, \ P_2 = \frac{9}{16} = 0.56, \ P_3 = \frac{9}{25} = 0.36$$

假设$\sigma_0^2 = 4^2$，则有：

$$P_1 = \frac{16}{9} = 1.78, \ P_2 = \frac{16}{16} = 1, \ P_3 = \frac{16}{25} = 0.64$$

假设$\sigma_0^2 = 5^2$，则有：

$$P_1 = \frac{25}{9} = 2.78, \ P_2 = \frac{25}{16} = 1.56, \ P_3 = \frac{25}{25} = 1$$

σ_0^2的假设值不同，得到各个观测值的权也不同，但是，上面的计算结果显然有：

$P_1 : P_2 : P_3 = 0.11 : 0.06 : 0.04 = 1 : 0.56 : 0.36 = 1.78 : 1 : 0.64 = 2.78 : 1.56 : 1$

由此可见，不同精度观测值的权可以视为一组比例数值，在 σ_0^2 假设为不同数值时，观测值权的数值不同，但之间的比例关系不变。比例关系中数值大的权大，说明其精度高；反之权小，说明其精度低。因此可以用权来表示不同观测值之间精度的差异。当某个观测值的 $m_i=\sigma_0$ 时，它的权 $p_i=1$，等于 1 的权称为单位权，相应的观测值即为单位权观测值，其中误差即为单位权观测值中误差，简称单位权中误差。

（二）测量基本工作中权的确定

1. 水准测量中路线高差观测值权的确定

一条水准测量路线（山地）含有 n 个测站，每个测站高差的中误差 m 站相等，由式（5-26）得路线高差 h 的中误差为 $m_h=\pm\sqrt{n}\cdot m_{\text{站}}$，即其路线高差中误差与测站数平方根 $\sqrt{n}$ 成正比。

依据式（5-37），且设 $\sigma_0^2=m_{\text{站}}^2$ 得：

$$P_h=\frac{\sigma_0^2}{m_h^2}=\frac{m_{\text{站}}^2}{n\cdot m_{\text{站}}^2}=\frac{1}{n} \tag{5-38}$$

可见，在山地进行水准测量时路线高差观测值的权与路线的测站数 n 成反比，即不同路线的高差观测值可以路线测站数的倒数 $\frac{1}{n}$ 定权。

n 同理可知，在平地进行水准测量时路线高差观测值的权与路线的千米数 L 成反比，即不同路线的高差观测值可以路线千米数的倒数 $\frac{1}{L}$ 定权。

2. 距离测量观测值权的确定

对一段长度为 L 千米的距离 D 进行测量，设每千米的测量中误差为 $m_{\text{千米}}$，依据误差传播定律，显然有 $m_D=\pm\sqrt{L}\cdot m_{\text{千米}}$，再设 $\sigma_0^2=m_{\text{千米}}^2$ 得：

$$P_D=\frac{\sigma_0^2}{m_D^2}=\frac{m_{\text{千米}}^2}{L\cdot m_{\text{千米}}^2}=\frac{1}{L} \tag{5-39}$$

可见，距离测量观测值的权与路线的千米数 L 成反比，即不同路线的距离观测值可以路线千米数的倒数 $\frac{1}{L}$ 定权。

3. 角度测量观测值权的确定

对一角度 β 进行 n 个测回的观测，其算术平均值即为该角的最或是值，设每个测回观测值的中误差为 $m_{\text{回}}$，则由式（5-35）可知其最或是值的中误差为 $m_{\beta}=\pm\frac{m_{\text{回}}}{\sqrt{n}}$，再设 $\sigma_0^2=m_{\text{回}}^2$ 得：

$$P_\beta = \frac{\sigma_0^2}{m_\beta^2} = \frac{m_{回}^2}{m_{回}^2} \cdot n = n \qquad (5-40)$$

可见，角度测量观测值的权与测回数n成正比，即角度观测值可以其测回数n定权。

二、加权平均值及其中误差

（一）加权平均值

设某量的n次不等精度观测值为L_1，L_2，$\cdots$，L_n。，它们的权分别为P_1，P_2，$\cdots$，P_n则加权平均值即其最或是值为：

$$x = \frac{P_1 L_1 + P_2 L_2 + \cdots + P_n L_n}{P_1 + P_2 + \cdots + P_n} = \frac{[PL]}{[P]} \qquad (5-41)$$

为方便计算，可设x_0为最或是值的近似值，且令$\delta L_i = L_i - x_0$，则加权平均值还可表达为：

$$x = x_0 + \frac{[P\delta L]}{[P]} \qquad (5-42)$$

观测值L_i的改正数为：

$$v_i = L_i - x \qquad (5-43)$$

其特性为：

$$[Pv] = 0 \qquad (5-44)$$

可用于计算时的检核。

（二）单位权中误差

不等精度观测中，对应于权等于 1 的观测值中误差即为单位权中误差，一般以μ表示，其计算公式为：

$$\mu = \pm\sqrt{\frac{[Pvv]}{n-1}} \qquad (5-45)$$

式中v和 P分别为各观测值的改正数和相应的权，n为观测值的个数。

（三）加权平均值中误差

不等精度观测中，最或是值的中误差即加权平均值中误差的计算公式为：

$$m_x = \pm\frac{\mu}{\sqrt{[P]}} \qquad (5-46)$$

式中 μ 为单位权中误差，$[P]$为各观测值的权之和。

【例5-6】图 5-5 所示为具有一个结点的路线水准测量，已知 A，B，C 3 点的高程分别为 10.145m，14.030m，9.898m，测得 $h_{AD}=+1.538$m，$h_{BD}=-2.330$m，$h_{CD}=+1.782$m。三

条水准路线长度分别为 L_1=2.5km，L_2=4.0km、L_3=2.0km，求结点 D 的高程 H_D、单位权中误差 μ 及 H_D 的中误差。

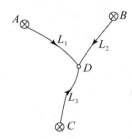

图5-5　单一结点的水准测量路线

解：已知数据（粗体字）、观测数据及有关计算数据列于表 5-4。

结点 D 高程的加权平均值：

$$H_D = \left(10.000 + \frac{0.4 \times 1.683 + 0.25 \times 1.700 + 0.5 \times 1.680}{1.15}\right) \text{m} = 10.000 + 1.685\,4\text{m} = 11.685\,4\text{m}$$

表5-4　单一结点水准路线平差计算表

路线	已知点	已知点高程/m	观测高差/m	D 点高程推算值/m	Δ/m	路线长/km	权 $P=1/L$	改正数 v/mm	Pv	Pvv
1	A	10.145	+1.538	11.683	1.683	2.5	0.40	+2.4	+0.96	2.30
2	B	14.030	−2.330	11.700	1.700	4.0	0.25	−14.6	−3.65	53.29
3	C	9.898	+1.782	11.680	1.680	2.0	0.50	+5.4	+2.70	14.58
和				设 x_0=10.000m			1.15		+0.01	70.17

单位权中误差（即长度 L=1km 的观测高差中误差）：

$$\mu = \pm\sqrt{\frac{[Pvv]}{n-1}} = \pm\sqrt{\frac{70.17}{3-1}} = \pm 5.9\text{mm}$$

结点 D 的高程中误差：

$$m_x = \pm\frac{\mu}{\sqrt{[P]}} = \pm\frac{5.9}{\sqrt{1.15}} = \pm 5.5\text{mm}$$

对等精度观测而言，可视 n 个观测值的权均相等，即 $P_1=P_2=\cdots=P_n=1$，$[P]=n$，将此代入式（5-41）、式（5-45）、式（5-36）三式，其结果和式（5-27）、式（5-34）、式（5-35）三式完全一致，可见，算术平均值及其中误差，实际上就是观测值权均等于 1 时的加权平均值及其中误差。

项目小结

（1）测量误差来源于仪器误差、观测者本身及外界条件的影响等，测量误差主要分系统误差和偶然误差。偶然误差具有统计特性。

（2）评定测量精度的指标主要是中误差，距离测量中则为相对误差。

（3）运用误差传播定律，可以根据观测值中误差计算其函数中误差。

（4）等精度直接观测值的最可靠值就是其算术平均值，算术平均值的中误差较观测值的中误差缩小$\sqrt{n}$倍。

（5）不等精度直接观测平差，首先需要通过一组比值来确定观测值之间精度不等的程度，这样一组比值称为权，再根据权计算所有观测值的加权平均值（即被观测量的最或是值）及其中误差。

课后训练

一、填空题

1. 测量误差来源于_____、_____及_____。

2. _____称为系统误差，_____称为偶然误差。偶然误差具有以下特性：

（1）_____，

（2）_____，

（3）_____，

（4）_____。

二、练习题

1. 甲、乙两观测员在相同的观测条件下，对同一量各观测 10 次，各次观测真误差分别为：

甲：-3，0，$+2$，$+3$，-2，$+1$，-1，$+2$，0，$+1$

乙：0，-1，$+5$，0，-6，0，$+1$，$+6$，-4，-3

试计算甲、乙的观测中误差，并比较其精度之高低。

2. 在一个 n 边的多边形中，等精度观测了各内角，每角的测角中误差均为 $m_\beta = \pm 10''$，求该多边形内角和的中误差。

3. 一正方形建筑物，量其一边长为 α，中误差为 $m_\alpha = \pm 3\text{mm}$，求其周长及中误差；若以相同精度量其 4 条边为 α_1，α_2，α_3，α_4，其中误差均为 $m_\alpha = \pm 3\text{mm}$，则其周长的中误差又等于多少？

4. 设有三个函数式：$z_1 = L_1 + L_2$，$z_2 = L_1 - L_2$，$z_3 = \frac{1}{2}(L_1 + L_2)$，式中 L_1，L_2 为相

互独立的观测值，中误差均为 m，试分别求该 3 个函数的中误差 m_{Z1}，m_{Z2} 和 m_{Z3}。

5．用经纬仪观测水平角，一个测回的中误差为 $±8''$，欲使该角值的精度提高一倍，应观测几个测回？

6．测得一长方形两条边长分别为 $a=15m±3mm$、$b=20m±4mm$，求该长方形的面积及其中误差。

7．对某角观测 5 次，观测值列于表 5-5，试计算算术平均值及其中误差：

表5-5 观测成果计算表

观测次数	观测值 ° ′ ″	v ″	vv
1	148 46 28		
2	148 46 45		
3	148 46 54		
4	148 46 24		
5	148 46 32		

8．对某段距离等精度丈量 6 次，观测值列于表 5-6，试计算其算术平均值和相对误差。

表5-6 测量成果计算表

观测次数	观测值 /m	v /mm	vv
1	428.243		
2	428.227		
3	428.231		
4	428.235		
5	428.240		
6	428.228		

三、思考题

1．试指出下列误差的类别：

（1）钢尺的尺长误差；（2）视距测量的乘常数误差；（3）水准仪的 i 角误差；（4）水准测量水准气泡符合不准确的误差；（5）钢尺定线不准、弯曲、不水平等给量距造成的误差；（6）经纬仪对中不准确给测角造成的误差。

2．系统误差的影响一般可采取什么样的措施加以消除？偶然误差的影响能消除吗？为什么？

3．什么情况下进行的观测可认为是等精度观测？本项目练习题第 1 题中，甲和乙各自的 10 次观测是等精度观测吗？如果是等精度观测为何甲和乙各 10 次真误差会有大有小，有正有负？计算出的 $m_{甲}$、$m_{乙}$ 各表示什么？中误差前面的"$±$"号又表示什么？

4．评定角度测量的精度能用相对误差吗？为什么？

项目六　小区域控制测量

任务目标

　　理解平面与高程控制测量的概念，能够使用普通测量仪器进行小区域平面与高程控制测量的外业和内业工作。

情景导入

　　小宋是某测量公司的测量员，某日，在某工地，他用经纬仪在 A，B 两点间进行往返三角高程测量，测得 H_A=78.29m，水平距离 D_{AB}=624.42m，从 A 观测 B 时，竖角 α_{AB}=+2°38′07″，A 点仪器高 i_A=1.42m，B 点目标高 l_B=3.50m，从 B 观测 A 时，竖角 α_{BA}=−2°23′15″，B 点仪器高 i_A=1.51m，A 点目标高 l_A=2.26m，那么请问：A，B 两点间的高差平均值及 B 点的高程分别为多少？

任务一　控制测量概述

　　测量工作必须遵循程序上"由整体到局部"，步骤上"先控制后碎部"，精度上"由高级至低级"的原则进行，即无论是地形测图，还是施工放样，都必须首先进行整体的控制测量。

　　控制测量包括平面控制测量和高程控制测量，其目的是在测区内通过测定控制点的平面坐标（x，y）以建立平面控制网，或通过测定控制点的高程（H）以建立高程控制网。根据建网目的和控制范围等的不同，控制网一般可分为以下类型。

一、国家控制网

　　在全国范围内建立的控制网为国家控制网，分国家平面控制网和国家高程控制网。

　　国家平面控制网从高到低分为 4 个等级，一般采用三角测量或 GPS 精密定位的方法，逐级加密布设。其中，一、二等是国家平面控制的基础，平均边长分别为 25km 和 13km；三、四等是局部地区地形测量和施工测量的依据，平均边长分别为 8km 和 2～6km。

　　国家高程控制网从高到低亦分 4 个等级，主要采用精密水准测量或精密三角高程测量的方法，逐级加密布设。

二、城市控制网

城市控制网是大中城市在国家控制网的基础上建立的控制网，采用统一的城市坐标系统和高程系统，为城市规划设计、市政工程建设及工业与民用建筑的大比例尺地形图测绘和施工测量提供依据。一般采用城市导线测量或 GPS 测量的方法布设。

城市各等级光电测距导线测量和水准测量的主要技术指标分列于表 6-1 和表 6-2。

表6-1　等级光电测距导线的主要技术指标

等级	附合导线长度/km	平均边长/m	测距中误差/mm	测角中误差/″	全长相对闭合差
三等	15	3 000	≤±18	≤±1.5	≤1/60 000
四等	10	1 600	≤±18	≤±2.5	≤1/40 000
一级	3.6	300	≤±15	≤±5	≤1/14 000
二级	2.4	200	≤±15	≤±8	≤l/10 000
三级	1.5	120	≤±15	≤±12	≤1/6 000

表6-2　等级水准测量的主要技术指标

等级	测段、路线往返测高差不符值/mm	附合路线或环线闭合差/mm	
		平原、丘陵	山区
二等	≤±4$\sqrt{L}$	≤±4$\sqrt{L}$	
三等	≤±12$\sqrt{L}$	≤±12$\sqrt{L}$	≤±15$\sqrt{L}$
四等	≤±20$\sqrt{L}$	≤±20$\sqrt{L}$	≤±25$\sqrt{L}$

表中 L 为测段、路线或附合路线、闭合环线长度，均以 km 计。

三、工程控制网

工程控制网是为某项大型或特种工程的设计、施工和安全监测专门布设的控制网。一般采用和工程设计的需要相一致的坐标和高程系统，而针对不同的工程，在其不同部位定位时，往往会有不同的精度要求。

四、小区域控制网

小区域控制网则是为满足小区域大比例地形图测绘或施工测量的要求而建立的控制网，应尽量与国家或城市控制网进行连测，特殊情况下，也可采用独立的坐标系或高程系。

五、图根控制网

图根控制网即直接用于地形测图的控制网。一般控制网在建立时如果面积较大应采用不同的等级。控制整个测区的为首级控制网，图根控制网则是其最低一级，一般采用导线测量或交会测量的方法布设。

任务二 导线测量

导线测量是城市或小区域平面控制测量中最常用的一种布网形式，具有布设灵活、对通视要求低、施测方便、计算简单等优点，尤其适合建筑区、隐蔽区或道路、河道等狭长地带的控制测量。导线测量一般应有一至两套起算数据（一套起算数据包括一个已知点的 x，y 和一条边的已知方位角），按一定形式布设，通过外业观测和内业计算，求出待定点（即导线点）的平面坐标。

一、导线形式

（一）附合导线

如图 6-1 所示，从一已知点 B 和已知方向 α_{AB} 出发，经导线点 1，2，$\cdots$，n，附合到另一已知点 C 和已知方向 α_{CD} 上，称为附合导线。

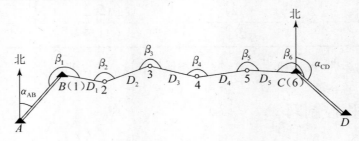

图6-1 附合导线

（二）闭合导线

如图 6-2 所示，从一已知点 A 和已知方向 α_{AB} 出发，经导线点 1，2，...，n，再回到原已知点 A 和已知方向 α_{AB} 上，称为闭合导线。

（三）支导线

若从一个已知点和已知方向出发，经各待定点进行导线测量，既不附合到另一已知点上，也不返回到原已知点上，称为支导线（图6-2）。

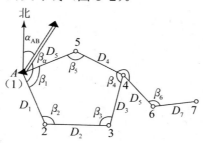

图6-2　闭合导线和支导线

附合导线和闭合导线对测量成果都能进行有效的检核，而支导线由于缺少必要的检核，因此一般只容许支出 1～2 点。

二、导线测量的外业

导线测量的外业包括踏勘选点、角度测量、边长测量和连接测量。

（一）踏勘选点

踏勘选点，就是根据导线测量的目的、已收集到的测区及已知高级控制点的资料，先在老的地形图上拟定导线点的位置和导线的布设形式，然后到测区勘查，根据现场的实际情况，确定方案，选定导线点的具体位置，并埋设相应的标志。

实地选点时，应考虑以下因素：

（1）导线点在测区内应分布均匀，边长一般应符合表 6-3 的要求，相邻边的长度不宜相差过大，以避免测角时因望远镜频繁调焦而造成较大误差。

（2）相邻导线点之间应互相通视，以便于仪器观测。

（3）导线点周围应视野开阔，以利于碎部测量或施工放样。

（4）导线点位的土质应坚实，以便于埋设标志和安置仪器。

表6-3　导线边长的要求

测图比例尺	边长/m	平均边长/m
1：2 000	100～300	180
1：1 000	80～250	110
1：500	40～150	75

点位选好后，除图根导线点可采用木桩以外，一般等级导线点都应埋设混凝土标志（图6-3），并绘制点之记（参见图2-13），以利长期使用。

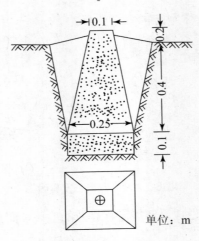

图6-3　混凝土桩

单位：m

（二）角度测量

角度测量就是用经纬仪或全站仪在导线点上设站，测量相邻导线边之间的水平角。位于导线前进方向左侧的水平角称为左角，位于右侧的称为右角。为便于计算，通常观测左角。闭合导线以逆时针为前进方向，所测左角即闭合多边形的内角。测图导线测量或称图根导线测量，使用不同仪器测量水平角的测回数和限差要求列于表6-4。

表6-4　导线水平角测量限差

比例尺	仪器	测回数	测角中误差	半测回差	测回差	角度闭合差
1：500～ 1：2 000	DJ2	1	±30″	±18″		±60″$\sqrt{n}$
	DJ6	2			±24″	
1：5 000～ 1：10 000	DJ2	1	±20″	±18″		±40″$\sqrt{n}$
	DJ6	2			±24″	

（三）边长测量

导线的边长（水平距离）可用光电测距仪或全站仪测量。采用单向多组观测，并对观测值进行相应的气象改正。如用光电测距仪配合经纬仪测距，还要同时观测竖直角，以便将倾斜距离化为水平距离（全站仪可自动将斜距化为平距）。如条件所限，也可用钢尺丈量。采用往返取平均的方法，往返较差的相对误差一般应小于$\dfrac{1}{3\,000}$～$\dfrac{1}{2\,000}$。

（四）连接测量

连接测量是使导线与附近高级控制点相连接所进行的测量，以便将导线并入国家或区域统一的坐标系中。连接测量有时仅需要测定连接角（如图6-1中的β_1，β_6角），有时则需要同时测定连接角和连接边（如图 6-4 中的 β'，β'' 角及 D_0 边）。对无法和高级控制点进行连接的独立闭合导线，只能假定其第一点的坐标作为起始坐标，并用罗盘仪测定其第一条边的磁方位角，经磁偏角改正后，作为起始方位角。

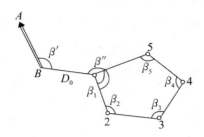

图6-4　连接测量示例

三、导线测量的内业

导线测量的内业就是进行数据处理，消除角度和边长观测值中偶然误差的影响，最终推算出导线点的坐标。计算之前，应认真检查所有外业观测的记录、计算是否正确，成果是否符合限差要求。同时将已知数据和观测值标注在导线略图上。

（一）附合导线计算

如图 6-1 所示附合导线，A，B（1）和 C（n），D 为两端的已知控制点，2，3，4，…，（$n-1$）为待定导线点，观测了所有的水平角和边长。首先需要按坐标反算公式（式 1-20）反算出两端的坐标方位角 α_{AB} 和 α_{CD}：

$$\alpha_{AB} = \arctan\frac{(Y_B - Y_A)}{(X_B - X_A)} = \arctan\frac{\Delta Y_{AB}}{\Delta X_{AB}}$$

$$\alpha_{CD} = \arctan\frac{(Y_D - Y_C)}{(X_D - X_C)} = \arctan\frac{\Delta Y_{CD}}{\Delta X_{CD}} \tag{6-1}$$

然后按以下步骤进行计算。

1. 角度闭合差的计算和调整

依据相邻边方位角的推算公式（式 1-16），可以写出：

$$\alpha_{12} = \alpha_{AB} + \beta_1 \pm 180°$$
$$\alpha_{23} = \alpha_{12} + \beta_2 \pm 180°$$
$$\cdots\cdots$$

$$+)\ \alpha'_{CD} = \alpha_{(n-1)\,n} + \beta_n \pm 180°$$
$$\overline{\alpha'_{CD} = \alpha_{AB} + \sum_{i=1}^{n}\beta_i \pm n \times 180°} \tag{6-2}$$

由式（6-2）算得的方位角应反复减去 360°，直到符合 0°<α_{CD}<360°之要求。$C\sim D$ 的方位角计算值α'_{CD}与其已知值α_{CD}理应相等，但由于角度观测值存在偶然误差，它们之间总会出现差值，该差值即称为角度闭合差f_β：

$$f_\beta = \alpha'_{CD} - \alpha_{CD} = \sum_{i=1}^n \beta_i - (\alpha_{CD} - \alpha_{AB}) + \beta_n \pm 180° \qquad (6\text{-}3)$$

角度闭合差的容许值按表（6-4）之规定计算。如果f_β小于限差，说明观测成果符合要求，但是需要调整，即将角度闭合差按相反符号平均分配于各角（其分配值即称原角度观测值之改正数）。若观测角为$\beta_右$，则调整时，应将f_β按相同符号平均分配于各右角中。分配值一般取整至秒，并使其总和与角度闭合差二者绝对值相等，从而消除角度测量偶然误差的影响。

2. 根据改正后的角值，重新计算各边的坐标方位角

仍旧依据公式（式 1-16），根据改正后的角值，重新计算各边的坐标方位角。最后算得的α'_{CD}和已知值α_{CD}应完全相等，作为检核。

3. 坐标增量闭合差的计算和调整

依据坐标正算公式（式 1-19）由各边方位角和边长观测值计算各边的坐标增量Δx，Δy：

$$\Delta x = D \cdot \cos \alpha$$
$$\Delta y = D \cdot \sin \alpha$$

所谓坐标增量闭合差是依据所有边的坐标增量之和计算的末端已知点坐标的计算值x'_C，y'_C和已知值x_C，y_C之差（分别称为纵坐标增量闭合差f_x和横坐标增量闭合差f_y）：

$$\left. \begin{array}{l} f_x = x'_C - x_C = \sum_{i=1}^n \Delta x_i - (x_C - x_B) \\ f_y = y'_C - y_C = \sum_{i=1}^n \Delta y_i - (y_C - y_B) \end{array} \right\} \qquad (6\text{-}4)$$

根据f_x，f_y计算导线全长闭合差f和全长相对闭合差 K：

$$f = \pm \sqrt{f_x^2 + f_y^2} \qquad (6\text{-}5)$$

$$K = \frac{|f|}{\sum D} = \frac{1}{\sum D / |f|} \qquad (6\text{-}6)$$

等级导线全长相对闭合差的限差见表 6-1，图根导线的 K 值一般不应大于$\dfrac{1}{2\,000}$。如果 K 小于限差，说明观测成果符合要求，但亦需要调整，即将纵、横坐标增量闭合差f_x，f_y以相反符号，按与边长成比例分配于各边的坐标增量中，从而消除边长测量偶然误差的影响。其分配值（即原纵、横坐标增量值之改正数）v_{xi}，v_{yi}按式（6-7）计算：

$$\left. \begin{array}{l} v_{xi} = -\dfrac{f_x}{\sum D} \cdot D_i \\ v_{yi} = -\dfrac{f_y}{\sum D} \cdot D_i \end{array} \right\} \qquad (6\text{-}7)$$

式中：D_i——第i条边边长。

纵、横坐标增量改正数的总和应分别等于纵、横坐标增量闭合差，而符号相反，用于检核。

4. 计算待定导线点坐标

坐标增量闭合差调整后，就可根据起始点的已知坐标和经改正后的坐标增量计算各待定导线点的坐标。最后算得的末端点 x，y 坐标应和其已知值完全相符，再次检核。

表 6-5 为附合导线计算示例。首先，将两端已知点坐标 x_B，y_B 和 x_c，y_c 分别填入该表之第 10，11 栏的第 1 行和最后一行；将按坐标反算得到的两端已知方位角 α_{AB} 和 α_{CD} 分别填入该表之第 4 栏的第 1 行和最后一行；再将所有角度观测值和边长观测值分别填入第 2 栏和第 5 栏。然后按上述步骤进行计算，并将每步计算结果填入表内相应栏目中。注意计算过程中必须步步检核，只有在一个步骤的检核通过以后，才能进行下个步骤的计算，以保证计算的准确和可靠（说明：表内粗体字为已知数据）。

表6-5　附合导线计算表

点号	观测角 $\beta/$ °'"	改正后观测角/ °'"	方位角 $\alpha/$ °'"	距离 D /m	纵增量 $\Delta x'$ /m	横增量 $\Delta y'$ /m	改正后 Δx /m	改正后 Δy /m	纵坐标 x /m	横坐标 y /m
1	2	3	4	5	6	7	8	9	10	11
A			237 59 30							
B（1）	+6 99 01 00	99 01 06							507.69	215.63
			157 00 36	225.85	+5 -207.91	-4 +88.21	-207.86	+88.17		
			144 46 18	139.03	+3 -113.57	-3 +8020	-113.54	+80.17		
2	+6 167 45 36	167 45 42							299.83	303.80
			87 57 48	172.57	+3 +6.13	-3 +172.46	+6.16	+172.43		
			97 18 30	100.07	+2 -12.73	-2 +99.26	-12.71	+99.24		
			97 17 54	102.48	+2 -13.02	-2 +101.65	-13.00	+101.63		
3	+6 123 11 24	123 11 30	46 45 24						186.29	383.97
4	+6 189 20 36	189 20 42							192.45	556.40
5	+6 179 59 18	179 59 24							179.74	655.64
C（6）	+6 129 27 24	129 27 30							166.74	757.27
D										

续表

点号	观测角 β/ ° ' "	改正后观测角/ ° ' "	方位角 α/ ° ' "	距离 D /m	纵增量 $\Delta x'$ /m	横增量 $\Delta y'$ /m	改正后 Δx /m	改正后 Δy /m	纵坐标 x /m	横坐标 y /m
总和	888 45 18	888 45 54								
				740.00	-341.10	+541.78				

辅助计算

$\alpha_{AB} = 237°59'30''$

$+ \sum \beta_{测} = +888°45'18''$

$-6 \times 180° = -1\,080°$

$- \alpha_{CD} = -46°45'24''$

$f_\beta = -36''$

$f_{\beta允} = \pm 60'' \sqrt{n} = \pm 147''$

$\Delta x'_{BC} = -341.10$,

$\Delta y'_{BC} = +541.78$

$\Delta x_{BC} = -340.95$,

$\Delta y_{BC} = +541.64$

$f_x = -0.15$, $f_y = +0.14$

$f_D = \pm \sqrt{f_x^2 + f_y^2} = \pm 0.20$

$K = \dfrac{0.20}{740.00} = \dfrac{1}{3\,700}$

$K_允 = \dfrac{1}{2\,000}$

附图：

（二）闭合导线计算

闭合导线和附合导线的实质相同，只是将附合导线两端的起、终点和起始方向合为一个已知点和一个已知方向而已。因此，计算的方法和步骤一致，仅两种闭合差的计算有所不同。

1. 角度闭合差的计算

闭合导线角度闭合差为所有内角观测值之和与闭合 n 边形内角和理论值 $(n-2) \times 180°$ 之差，即：

$$f_\beta = \sum_{i=1}^{n} \beta_i - (n-2) \times 180° \qquad (6\text{-}8)$$

由式（6-8）可见，角度闭合差的计算与第一边和起始方向之间的连接角无关，因此调整时，应将闭合差反号后平均分配于 n 边形的所有内角中，而不考虑连接角的改正。

2. 坐标增量闭合差的计算

由于闭合导线的起、终点为同一点，因而式（6-4）右端之第 2 项均为 0，即得闭合导线的纵、横坐标增量闭合差计算公式为：

$$\left.\begin{array}{l} f_x = \sum\limits_{i=1}^{n} \Delta x_i \\ f_y = \sum\limits_{i=1}^{n} \Delta y_i \end{array}\right\} \qquad (6\text{-}9)$$

表 6-6 为闭合导线计算示例。

表6-6　闭合导线计算表

点号	观测角 $\beta/$ ° ′ ″	改正后角值/β	方位角 $\alpha/$ ° ′ ″	距离 D/m	纵坐标增量 $\Delta x'/m$	横坐标增量 $\Delta y'/m$	改正后 $\Delta x/m$	改正后 $\Delta y/m$	纵坐标 x/m	横坐标 y/m
1	2	3	4	5	6	7	8	9	10	11
A	-12 121 28 00	121 27 48	96 51 36	201.58	-4 -24.08	+4 +200.14	-24.12	+200.18	100.00	100.00
B	-12 108 27 00	108 26 48	25 18 24	263.41	-6 +238.13	+5 +112.60	+238.07	+112.65	75.88	300.18
C	-12 84 10 30	84 10 18	289 28 42	241.00	-6 +80.36	+5 -227.21	+80.30	-227.16	313.95	412.83
D	-12 135 48 00	135 47 48	245 16 30	200.44	-4 -83.88	+4 -182.02	-83.88	-182.02	394.25	185.67
E	-12 90 07 30	90 07 18	155 23 48	231.32	-5 -210.32	+4 +96.31	-210.37	+96.35	310.37	3.65
A		(121 27 48)	(96 51 36)	1137.75					100.00	100.00
总和	540 01 00	540 00 00								
辅助计算	$\sum \beta_{测} = 540°01'00''$ $\sum \beta_{理} = (n-2) \times 180°$ 　　　$= 540°$ $f_\beta = +01'00''$ $f_{\beta允} = \pm 60''\sqrt{n} = \pm 134''$		$f_x = +0.25, f_y = -0.22$ $f_D = \pm\sqrt{f_x^2 + f_y^2} = \pm 0.33$ $K = \dfrac{0.33}{1137.75} = \dfrac{1}{3400}$ $K_允 = \dfrac{1}{2000}$				附图: 			

任务三　交会测量

在控制点的数量不能满足测图或施工放样需要时，常可采用测角交会或测边交会的方法进行加密。这两种方法虽然观测的量不同，但由于在三角形中，边长和角度可以运用正弦定理进行换算，所以在求待定点的坐标时，实质上可以应用相同的解算方法。因此，本任务仅介绍测角交会。测角交会又分前方交会、侧方交会和后方交会等多种形式，适用场合有所不同。

一、前方交会

如图 6-5 所示，在已知点 A，B 上设站，观测α，β角，计算待定点 P 的坐标，即为前方交会。

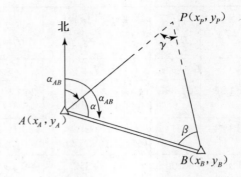

图6-5　测角前方交会

计算公式推导如下：

由 A，B 两点已知坐标反算得 α_{AB}。于是有：

$$\alpha_{AP} = \alpha_{AB} - \alpha \tag{a}$$

按坐标正算可得：

$$x_P - x_A = D_{AP} \cdot \cos \alpha_{AP}$$
$$y_P - y_A = D_{AP} \cdot \sin \alpha_{AP} \tag{b}$$

将式（a）代入式（b），得：

$$x_P - x_A = D_{AP}（\cos \alpha_{AB} \cos \alpha + \sin \alpha_{AB} \sin \alpha）$$
$$y_P - y_A = D_{AP}（\sin \alpha_{AB} \cos \alpha + \cos \alpha_{AB} \sin \alpha）\tag{c}$$

因有 $\cos \alpha_{AB} = \frac{x_B - x_A}{D_{AB}}$，$\sin \alpha_{AB} = \frac{y_B - y_A}{D_{AB}}$ 代入式（c）可得

$$x_P - x_A = \frac{D_{AP}}{D_{AB}} \sin \alpha \cdot [(x_B - x_A) \cot \alpha +（y_B - y_A）]$$

$$y_P - y_A = \frac{D_{AP}}{D_{AB}} \sin \alpha \cdot [(y_B - y_A) \cot \alpha + (x_B - x_A)] \tag{d}$$

式（d）右端第一项据正弦定理可写为：

$$\frac{D_{AP}}{D_{AB}} \sin \alpha = \frac{\sin \beta}{\sin（\alpha + \beta）} \sin \alpha = \frac{\sin \beta \cdot \sin \alpha}{\sin \alpha \cos \beta + \cos \alpha \sin \beta} = \frac{1}{\cot \alpha + \cot \beta} \tag{e}$$

将式（e）代入式（d），整理可得：

$$\left.\begin{array}{l} x_P = \dfrac{x_A \cot \beta + x_B \cot \alpha +（y_B - y_A）}{\cot \alpha + \cot \beta} \\[3mm] y_P = \dfrac{y_A \cot \beta + y_B \cot \alpha +（x_B - x_A）}{\cot \alpha + \cot \beta} \end{array}\right\} \tag{6-10}$$

式（6-10）即为由已知点坐标和观测角直接计算交会点坐标的余切公式。算例见表 6-7。需要注意的是，推导余切公式时，所用符号与图 6-5 中的编号是对应的，因此，在使用该式时，两个已知点和两个观测角的编号一定要与图 6-5 中的编号相一致，否则会出错。

表6-7 测角前方交会计算表

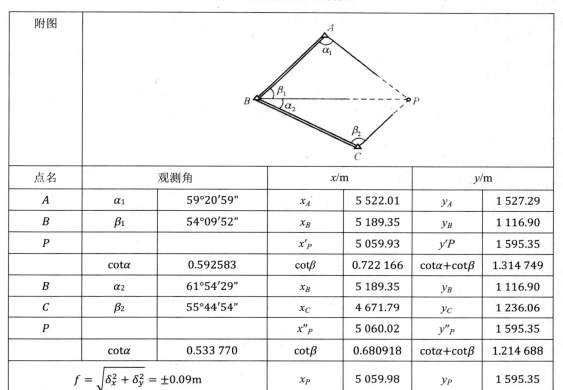

点名	观测角		x/m		y/m	
A	α_1	59°20′59″	x_A	5 522.01	y_A	1 527.29
B	β_1	54°09′52″	x_B	5 189.35	y_B	1 116.90
P			x'_P	5 059.93	y'_P	1 595.35
	cotα	0.592583	cotβ	0.722 166	cotα+cotβ	1.314 749
B	α_2	61°54′29″	x_B	5 189.35	y_B	1 116.90
C	β_2	55°44′54″	x_C	4 671.79	y_C	1 236.06
P			x''_P	5 060.02	y''_P	1 595.35
	cotα	0.533 770	cotβ	0.680918	cotα+cotβ	1.214 688
$f = \sqrt{\delta_x^2 + \delta_y^2} = \pm 0.09\text{m}$			x_P	5 059.98	y_P	1 595.35

为了保证交会的精度，交会角 γ（见图6-5）应大于30°，小于120°，最好在90°左右。同时，为了保证交会的可靠性，最好选择第三个已知点观测相应的角度，其检核有两种方法。

方法一，分别在已知点 A，B，C 上观测角α_1，β_1 及α_2，β_2（见表 6-7 算例附图），由两组图形分别计算待定点 P 的坐标（x_{P1}，y_{P1}）及（x_{P2}，y_{P2}）。如两组坐标算得的点位较差

$$f = \pm \sqrt{\left(x_{P1} - x_{P2}\right)^2 + \left(y_{P1} - y_{P2}\right)^2} \leqslant 0.2M \sim 0.3M\text{mm}$$（M 为测图比例尺分母），则取其平均值作为 P 点坐标的最后成果。

方法二，观测角α_1，β_1，计算 P 的坐标，而以另一方向作为检核。即在 B 点同时观测检查角$\varepsilon_{测}$（即α_2）（见表6-7算例附图），再由 B，C 点和解得的 P 点坐标先反算方位角α_{BC}，α_{BP}，

再计算检查角$\varepsilon_算 = \alpha_{BC} - \alpha_{BP}$，得较差$\Delta\varepsilon'' = \varepsilon_{测} - \varepsilon_算$。如$\Delta\varepsilon'' \leqslant \pm \dfrac{(0.15\sim0.20)\ M\rho''}{S}$ （M同上，S为检查方向 BC 之边长）说明成果符合要求。

前方交会除常用于控制点的加密外，尤其适于在水域或其他不便到达处测定（或测设）点位时使用。

二、侧方交会

如图 6-6 所示，在已知点 A（或 B）和待定点上设站，观测 α（或 β）角与 γ 角，计算待定点 P 的坐标，即为侧方交会。

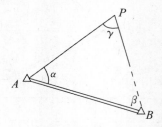

图6-6　测角侧方交会

因为 α，β，γ 三角之和等于 $180°$，由 $\beta=180°-\alpha-\gamma$ 即将 β 角算出，因而，侧方交会和前方交会实质相同，仍可用前方交会的方法进行计算。

侧方交会适于两个已知点中有一个难以到达或不便设站时使用。

三、后方交会

如图 6-7 所示，在待定点 P 上设站，观测 3 个已知点 A，B，C 之间的夹角 α，β，亦可算得 P 点的坐标，称为后方交会。后方交会有多种解算方法，下面介绍一种常用的辅助角法。

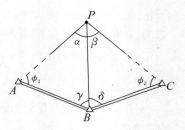

图6-7　测角后方交会

由图 6-7 可见，在由已知点和待定点组成的两个三角形中，设 ϕ_1，ϕ_2 两角为辅助角，由于 α，β 已测定，显然，只要求出该两辅助角，就成了两组侧方交会。因此，问题的关键归结于辅助角的解算。

首先，根据 3 个已知点坐标，按坐标反算得已知方位角 α_{AB}，α_{BC} 和已知边长 D_{AB}，D_{BC}。则 BA，BC 两已知边之夹角 $\angle B$ 为：

$$\angle B = \alpha_{BC} - \alpha_{BA}$$

在 $\triangle_{ABP}$ 和 $\triangle_{BCP}$ 中，运用正弦定理可得：

$$\frac{D_{AB}}{\sin \alpha} = \frac{BP}{\sin \phi_1} = K_1 \qquad (6\text{-}11)$$

$$\frac{D_{BC}}{\sin \beta} = \frac{BP}{\sin \phi_2} = K_2 \qquad (6\text{-}12)$$

因为 D_{AB}，D_{BC} 及 α，β 角已知，所以式（6-11）和式（6-12）中 K_1，K_2 均为常数。移项即有：

$$\frac{\sin \phi_1}{\sin \phi_2} = \frac{K_2}{K_1} \qquad (6\text{-}13)$$

又设 $\phi_1 + \phi_2 = 360° - \alpha - \beta - \angle B = \theta$，即有 $\phi_1 = \theta - \phi_2$，代入式（6-13）并将 $\sin(\theta - \phi_2)$ 展开得：

$$\frac{\sin \theta \cos \phi_2 - \cos \theta \sin \phi_2}{\sin \phi_2} = \frac{K_2}{K_1}$$

整理即有：

同理可得：

$$\left. \begin{array}{l} \phi_2 = \mathrm{arccot}\ \left(\dfrac{\dfrac{K_2}{K_1} + \cos \theta}{\sin \theta} \right) \\[4mm] \phi_1 = \mathrm{arccot}\ \left(\dfrac{\dfrac{K_1}{K_2} + \cos \theta}{\sin \theta} \right) \end{array} \right\} \qquad (6\text{-}14)$$

求出辅助角 ϕ_1，ϕ_2 后，即可按三角形三内角之和等于 $180°$，分别算得角 γ 及 δ，然后按前方交会计算待定点 P 的坐标。

需要注意的是在后方交会中，过 3 个已知点构成的外接圆称为危险圆。因为在这圆周上不同的点位将有相同的圆周角，因此，如果待定点刚好位于该圆上（或位于该圆附近），同一组观测角 α，β 就可以算得无数组解，即 P 点有无数组坐标，实质即无解。所以在选择已知点时，应尽量使待定点避开危险圆。

后方交会也可参照前方交会的检核方法，另找已知点测定检查角，进行检核。

后方交会仅需设一个测站，就能测定待定点坐标，布点灵活，工作量少，尤其适合在有多个已知点可供照准使用的情况下，直接在作业现场测定待定点坐标时使用。

四、自由设站定位

自由设站定位与后方交会相似，也是仅在待定点（如图 6-8 中，根据需要在现场自由设定的 P 点）上设站，只是后方交会至少需要 3 个已知点，而自由设站定位至少有 2 个已知点即可，但需同时测量待定点与两已知点之间的夹角和边长（如图 6-8 中的夹角 β 和边长 D_{PA}，D_{PB}）。

计算时，同样可将待定点和两个已知点组成三角形，运用正弦定理，算出 $\angle PAB$ 和 $\angle PBA$，再用前方交会的方法解算出待定点坐标。此法非常适合用全站仪进行测图或放样需要加密临时性的控制点时使用。

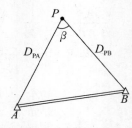

图6-8　自由设站定位

任务四　四等水准测量

小区域的地形图测绘和施工测量，一般都以三、四等水准测量作为基本的高程控制。三、四等水准测量的方法和一般水准测量大致相同，只是由于要求的精度更高，因而在运用双面尺法的同时，为了削弱仪器 i 角误差的影响，增加了视距观测，所须满足的限差也更多、更严。其主要的技术指标列于表 6-8，路线高差闭合差的要求见表 6-2。本任务以四等水准测量为例，介绍其观测和记录方法。

表6-8　三、四等水准观测技术要求

等级	视线长度/m	视线高度	前后视距差/m	前后视距累积差/m	红黑面读数差/mm	红黑面高差之差/mm
三	75	三丝能读数	3.0	5.0	2.0	3.0
四	100	三丝能读数	5.0	10.0	3.0	5.0

一、测站观测方法

一个测站安置并整平仪器后，需按以下顺序对后视尺、前视尺的黑、红面共测 8 个读数，并记录于手簿（表 5-9，其中括号内的数字为观测和计算的顺序）相应栏目中。

（1）后视尺黑面读数。下丝（1）、上丝（2）、中丝（3）。

（2）前视尺黑面读数。下丝（4）、上丝（5）、中丝（6）。

（3）前视尺红面读数。中丝（7）。

（4）后视尺红面读数。中丝（8）。

之所以采用"后—前—前—后"的观测顺序，是为了削弱仪器下沉和水准尺下沉产生的误差，在坚实的道路上进行四等水准测量时，也可采用"后—后—前—前"的观测顺序。注意，使用微倾式水准仪进行观测时，后尺、前尺黑、红面之中丝读数前都必须使符合气泡居中，否则，必然导致读数错误。读数完毕，随之进行以下计算和检核。

表6-9　四等水准测量手簿

测自 *BM*1 至 *BM*2　　　　　观测　李兵　　　　　　　　记录　王刚
2004 年 10 月 20 日　　　　　天气　多云　　　　　　　　呈像　清晰
开始 8 时　　　　　　　　　　结束　10 时　　　　　　　仪器 S3　210055

测站编号	点号	后尺 下 上 后距/m	前尺 下 上 前距/m	方向及尺号	水准尺读数/m 黑面	水准尺读数/m 红面	K+黑-红/mm	高差中数/m	备注
		（1）	（4）	后	（3）	（8）	（13）	（18）	K_1=4.787 K_2=4.687
		（2）	（5）	前	（6）	（7）	（14）		
		（9）	（10）	后-前	（16）	（17）	（15）		
		（11）	（12）						
1	BM1 ｜ TP1	1.614 1.156 45.8 +1.0	0.774 0.326 44.8 +1.0	后 1 前 2 后-前	1.384 0.551 +0.833	6.171 5.239 +0.932	0 −1 +1	+0.832 5	
2	TP1 ｜ TP2	2.188 1.682 50.6 +1.2	2.252 1.758 49.4 +2.2	后 2 前 1 后-前	1.934 2.008 −0.074	6.622 6.796 −0.174	−1 −1 0	−0.074 0	
3	TP2 ｜ TP3	1.922 1.529 39.3 -0.5	2.066 1.668 39.8 +1.7	后 1 前 2 后-前	1.726 1.866 −0.140	6.512 6.554 −0.042	+1 −1 +2	−0.141 0	
4	TP3 ｜ BM2	2.041 1.622 41.9 −1.1	2.220 1.790 43.0 +0.6	后 2 前 1 后-前	1.832 2.007 −0.175	6.520 6.793 −0.273	−1 +1 −2	−0.174 0	
校核		Σ（9）= 177.6 Σ（10）= 177.0 （12）末站=+0.6 总距离=354.6m			Σ（3）= 6.876 Σ（8）= 25.825 Σ（6）= 6.432 Σ（7）= 25.382 Σ（16）= +0.444 Σ（17）= +0.433 $\frac{1}{2}\left[\Sigma(16)+\Sigma(17)\pm 0.100\right]$ = +0.4435 = Σ（18）			Σ（18） = +0.4435	

二、计算与检核

（一）计算

测站共有 10 项计算（参见表 6-9）。

（1）后视距。（9）=[（1）－（2）]×100。

（2）前视距。（10）=[（4）－（5）]×100。

（3）后、前视距差。（11）=[（9）－（10）]。

（4）后、前视距累积差。（12）=前站（12）+本站（11）。

（5）后尺黑、红面读数差。（13）=（3）+K_1－（8）。

（6）前尺黑、红面读数差。（14）=（6）+K_2－（7）。

（7）黑面高差。（16）=（3）－（6）。

（8）红面高差。（17）=（8）－（7）。

（9）黑红面高差之差。（15）=（13）－（14）=（16）－[（17）±0.100]。

（10）高差中数。$(18)=(16)+\dfrac{(17)\pm0.100}{2}$。

第（1），（2）项之计算公式与视线水平时的视距测量相同；第（5），（6）项中 K_1，K_2 分别为后尺和前尺的红面起始读数（4.687 或 4.787）；第（9），（10）项中±0.100 系由 K_1，K_2 相差±0.100 所致，若 K_1 为 4.687，K_2 为 4.787 用 "+" 号，否则用 "－" 号；第（4），（5），（6），（7），（10）项均须与限差（见表 6-8）对照，进行检核。如有超限，当即重测。只有在所有限差都满足后，方可迁站。

（二）检核

当整条路线测量完毕，还应对每页的计算进行检核。检核的项目有：

1. 该页测站后视、前视距累积差

$$\sum(9)-\sum(10)=本页末站（12）-前页末站（12）$$

2. 该页测站高差之和

测站数为奇数 $\dfrac{\sum(16)+[\sum(17)\pm0.100]}{2}=\sum(18)$

测站数为偶数 $\dfrac{\sum(16)+\sum(17)}{2}=\sum(18)$

最后计算水准路线的总长度 $L=\sum（9）+\sum（10）$

四等水准测量的内业计算与一般水准测量相同。

任务五 三角高程测量

水准测量通常适用于平坦地区，而当地势起伏较大时，更适宜采用三角高程测量的方法来测定地面点的高程。

一、三角高程测量原理

所谓三角高程测量就是用经纬仪或全站仪，通过测定目标的竖直角和测站与目标之间的距离，运用三角函数来求取测站和目标之间的高差。

如图6-9所示，在已知高程点 A 上安置经纬仪，在 B 点竖立标杆，测定标杆顶点的竖直角 α 和 A，B 之间的水平距离 D，同时量取仪器高 i 和标杆高 l，按式（6-15）计算 A，B 点之间的高差 h_{AB}：

$$h_{AB} = D \cdot \tan\alpha + i - l \tag{6-15}$$

设 A 点的已知高程为 H_A，则 B 点的高程为：

$$H_B = H_A + h_{AB} \tag{6-16}$$

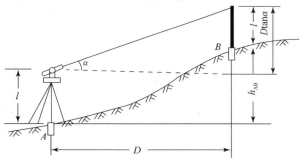

图6-9 三角高程测量

二、地球曲率和大气折光差

在项目二分析水准测量误差时曾讨论过地球曲率和大气折光对水准测量的影响，三角高程测量同样会受到地球曲率和大气折光差的影响。在单程观测的情况下，测站到目标的距离又较长时，这两项误差的联合影响（称为"球气差"）f 是三角高程测量误差的重要来源，即在精度要求较高的三角测量中，高差计算应考虑球气差的影响：

$$h_{AB} = D \cdot \tan\alpha + i - l + f \tag{6-17}$$

根据研究，f 值一般可按式（6-18）计算：

$$f \approx 0.43 \frac{D^2}{R} \tag{6-18}$$

式中：D——两点间水平距离；

R——地球曲率半径，$R = 6\ 371km$。

为了克服地球曲率与大气折光的影响，在可能的情况下，三角高程测量应采用对向观测的方法，即由 A 点观测 B 点，再由 B 点观测 A 点，取其高差绝对值的平均数（符号以往测为准）作为 $A \sim B$ 的高差，同时对观测成果进行检核。

三、三角高程测量的观测和计算

随着光电测距和全站仪的推广使用，三角高程测量已普遍用于代替四等和一般水准测量，并可组成相应等级的附合或闭合路线。

光电测距三角高程测量一个测站上的观测可按以下步骤进行：

（1）安置仪器，量取仪器高和目标高，精确至 mm，各量两次取平均。

（2）用测距仪测量距离。

（3）按中丝法或三丝法（用望远镜十字丝的上、中、下三丝依次照准目标，测其竖角取平均）测定目标的竖角。

（4）往测完毕再返测。

（5）将观测值填入表 6-10，进行每条边往返测的高差计算，如往返较差符合要求，取其平均值作为该边的高差，符号与往测相同。

表6-10　三角高程测量计算　　　　　　　　　　　　　　　　m

测站点	A	B
目标点	B	A
测向	往测	返测
平距 D（或斜距 S）	358.462（此为平距）	358.464（此为平距）
竖角 α	$+2°\ 34'\ 56''$	$-2°\ 34'\ 26''$
$D \cdot \tan\alpha$（或 $S \cdot \sin\alpha$）	$+16.166$	-16.114
仪器高 i	1.465	1.455
目标高 v	1.500	1.500
球气差 f	$+0.009$	$+0.009$
单向高差 h	$+16.140$	-16.150
平均高差 $h_{均}$	$+16.145$	

如果用全站仪测量，先输入仪器高和目标高，照准目标后，仪器可自动测定距离和竖角，并显示平距和高差。

连续测定相邻测站之间的高差，即可组成三角高程测量的附合路线或闭合路线。有关测站观测、对向观测和路线闭合差的技术要求见表 6-11。

表6-11 光电测距三角高程测量的技术要求

等级	仪器	测回数		指标差较差 / ″	竖直角较差 / ″	对向观测高差较差 /mm	附合或环线闭合差/mm
		三丝法	中丝法				
四等	DJ2	——	3	≤7	≤7	$40\sqrt{D}$	$30\sqrt{\sum D}$
一般	DJ6	1	2	≤10	≤7	$60\sqrt{D}$	$20\sqrt{\sum D}$

表中，D——两点间的水平距离，单位：km。

任务六　GPS 定位及其在测量中的应用

一、GPS 定位概述

GPS 是"授时、测距导航系统/全球定位系统（Navigation Satellite Timing And Ranging/Global Positioning System）的简称，由美国国防部于 1973 年组织研制，于 1993 年建设成功。GPS 利用卫星发射的无线电信号进行三维导航定位、测速和授时，具有全球性、全天候、速度快、精度高、自动化等优点，已成为美国导航技术现代化的重要标志。

（一）GPS 定位的基本原理

GPS 定位的基本原理是空间测距后方交会。如图 6-10 所示，有 4 颗以上卫星在空间运行。由于它们都有各自的运行轨道，因此每个卫星在任何时刻的空间位置（X_{Si}, Y_{Si}, Z_{Si}, $i=1$，2，3，4，…属 WGS-84 坐标系）均已知。当它们在某一时刻 t 所发射的无线电信号被地面接收站接收后，即可测定每一卫星至接收站的距离 R_{Si}，而 R_{Si} 和接收站的坐标之间存在以下关系式：

$$R_{si} = \sqrt{(X_{si} - X_G)^2 + (Y_{si} - Y_G)^2 + (Z_{si} - Z_G)^2} \ (i = 1，2，3，4，\cdots) \quad (6\text{-}19)$$

式中，X_G，Y_G，Z_G 为地面接收站的三维坐标，系未知数。考虑接收站接收卫星信号时的时间有一定的误差，还需对所测距离加接收机钟差改正Δt_G，即共有 4 个未知数。因此只要接收到 4 个以上卫星发射的信号，建立 4 个以上的方程，即可解算出接收站的三维坐标。

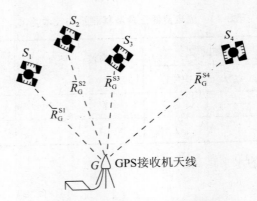

图6-10　GPS定位的基本原理

（二）GPS定位系统的组成

GPS定位系统由GPS卫星星座、地面监控系统和用户接收系统三大部分组成（图6-11）。

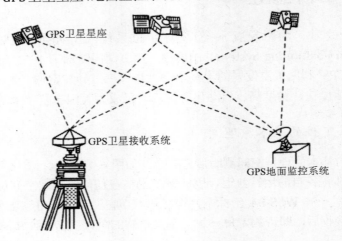

图6-11　GPS定位系统的组成

1. GPS卫星星座

GPS的卫星星座，由24颗以上的工作卫星组成，其中包括3颗可以随时启用的备用卫星，在6个近圆形轨道内，每个轨道分布有4颗卫星（图6-12）。用户可在全球任何地区、任何时刻都能至少同时接收到最少4颗、最多11颗卫星发射的信号。信号所起的作用包括：辨认接收的卫星；测定信号到达接收器的时间；用户的使用权限（即保密码）等。

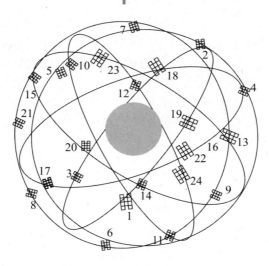

图6-12　GPS卫星星座

2．地面监控系统

地面监控系统是支持整个系统正常运行的地面设施，由分布在世界各地的 1 个主控站（管理和协调整个地面监控系统的工作）、3 个注入站（在主控站控制下向各 GPS 卫星发射导航电文和其他命令）、5 个监测站（完成对 GPS 卫星信号的连续观测，并将收集的资料和当地气象观测资料经处理后传送到主控站）及通信辅助系统（负责系统中数据传输以及提供其他辅助服务）等部分组成（图 6-13）。

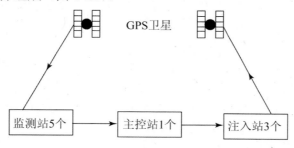

图6-13　GPS地面监控系统

3．用户接收系统

用户接收系统包括 GPS 接收机（如图 6-14 所示）、数据处理软件及相应的终端设备等。

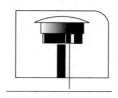

图6-14　GPS接收机

（1）GPS 接收机的结构和功能。GPS 接收机是用户设备部分的核心，由主机、天线和电源三部分组成。其主要功能是接收和处理 GPS 卫星发射的信号，以便测量信号从卫星到接收机天线的传播时间，解译导航电文，实时地计算测站的三维坐标、三维运动速度和时间。

（2）GPS 接收机的分类。GPS 接收机的种类很多，如按用途不同分为导航型、授时型和测地型；按使用载波频率的多少分为单频接收机和双频接收机等。在精密定位测量中，一般均采用测地型双频接收机或单频接收机，其观测资料必须进行后期处理，因此，必须配有功能完善的后处理软件，才能求得测站点的三维坐标。

（三）GPS 定位的方法

GPS 定位的方法一般可以根据三种情况进行分类。

1. 按定位的基本原理分类

GPS 定位是以 GPS 卫星和用户接收机天线之间的距离（或距离差）为基础，并根据已知的卫星瞬时坐标，确定用户接收机的三维坐标（X_G，Y_G，Z_G）。因此，GPS 定位的关键是测定用户接收机至 GPS 卫星之间的距离。

（1）伪距测量定位法。接收机测定调制码由卫星传播至接收机的时间，再乘上电磁波传播的速度便得卫星到接收机之间的距离。由于所测距离受到大气延迟和接收机时钟与卫星时钟不同步的影响，它不是真正卫星间的几何距离，因此称为"伪距"。通过对 4 颗以上卫星同时进行"伪距"测量，即可化算出接收机的位置。

（2）载波相位测量定位法。载波相位测量是把接收到的卫星信号和接收机本身的信号混频，从而得到混频信号，再进行相位差（$\Delta\Phi$）测量。由于载波的波长短，因此测量的定位精度比伪距测量的定位精度高。

2. 按接收机所处的状态分类

（1）静态定位。定位时，用户接收机天线（待定点）相对于周围地面点而言，处于静止状态。

（2）动态定位。定位时，接收机天线相对于地面处于运动状态，如用于陆地车辆、海洋舰船、飞机、宇宙飞行器等，其定位结果是连续变化的。

3. 按定位的方式分类

（1）绝对定位。绝对定位又称单点定位，是在世界大地坐标系 WGS-84 中，独立确定待定点相对地球质心的绝对位置。优点是只需要一台 GPS 接收机就可作业，缺点是定位精度较低（m 级）适用于普通导航。

（2）相对定位。是采用两台以上的接收机，分别在不同的测站，同时观测同一组 GPS 卫星信号，然后计算测点之间的三维坐标差（称为基线向量），确定待定点之间的相对位置。由于许多误差对同时观测的测站具有相同的影响，在进行数据处理时，大部分被相互抵消，因此能显著地提高定位精度（目前可达 $10^{-6}D$ 级，D 为待定点之间的距离）。

二、GPS 测量的应用

GPS 测量的应用包括以下方面：

1. 布设精密工程控制网

用 GPS 布设隧道贯通、大坝施工等精密工程控制网，其精度比常规方法高出一个数量级。

2. 布设一般控制网

用 GPS 布设一般控制网，较常规方法速度快、精度高。

3. 加密测图控制

GPS 静态或动态测量可用于加密测图控制网，一次布测完成，无须逐级加密和复杂计算。

4. 直接用于施工测量

GPS 全站仪用于工程的定线、放样，亦将给施工测量带来很大方便。

5. 直接用于变形监测

国内外已将 GPS 广泛应用于油田、矿山地壳的变形监测；城市因过度抽取地下水造成的地面沉降监测；大型水库的大坝变形监测；大型桥梁及高层建筑的变形监测等。

项目小结

（1）小区域平面控制测量最常用的方法是导线测量，其形式有附合导线、闭合导线和支导线。导线测量的外业包括踏勘选点、角度测量、边长测量和连接测量；内业计算包括角度闭合差的计算和调整、方位角的推算、坐标增量闭合差的计算和调整及未知点的坐标计算。

（2）交会测量分为前方交会、侧方交会和后方交会，可用角度交会，也可用距离交会，适用于控制点的加密。

（3）小区域高程控制测量最常用的方法是四等水准测量，其原理和一般水准测量相同，只是精度的要求更高。为此，采用双面水准尺法，增加读数和检核的项目，以便使观测的精度有所保证。

（4）三角高程测量是测定地面两点高差的又一种常用方法。

（5）GPS 定位技术的基本原理是根据卫星发射的信号进行空间测距后方交会，从而直接解算出地面点的三维坐标，具有全球性、全天候、速度快、精度高、自动化等优点，在测量中应用广泛。

课后训练

一、填空题

1. 控制测量的目的是在测区内通过测定控制点的平面坐标（x, y）以建立_____，或通过测定控制点的高程（H）以建立_____。根据建网目的和控制范围等的不同，控制网一般可分以下类型_____、_____、_____、_____和_____。

2. 导线的形式分为_____、_____和_____。导线测量的外业包括_____、_____和_____；内业计算包括_____、_____、_____和_____。

3. 四等水准测量采用双面水准尺法，一个测站有 8 项读数，分别是后视尺黑面的_____、_____、_____丝和红面的_____丝读数，以及前视尺黑面的_____、_____、_____丝和红面的_____丝读数。有 5 项数据检核，分别是_____、_____、_____、_____和_____。同一测站的黑面高差和红面高差理论上相差_____，高差平均值的计算公式为_____。

4. 三角高程测量使用经纬仪或全站仪，其观测值为_____、_____、_____和_____，所求值为_____。

二、练习题

1. 已知闭合导线 1 点坐标 x_1=500.00m，y_1=500.00m；方位角 α_{12}=125°30′00″；观测数据如图 6-15 所示，试填表 6-12 计算所有未知导线点坐标。

表6-12　导线测量计算表

点号	观测角 β/ °′″	改正后观测角/ °′″	方位角 α/ °′″	距离 D/m	纵坐标增量 $\Delta x'$/m	横坐标增量 $\Delta y'$/m	改正后 Δx/m	改正后 Δy/m	纵坐标 x/m	横坐标 y/m
1										
2										
3										
4										
1										
2										
总和										

续表

<table>
<tr><td>辅助计算</td><td>$\sum\beta_{测} =$
$\sum\beta_{理} =$
$f_\beta =$
$f_{\beta允} =$</td><td>$f_x =$
$f_y =$
$f_D = \pm\sqrt{f_x^2 + f_y^2} =$
$K =$
$K_{允} = \frac{1}{2000}$</td><td>附图：
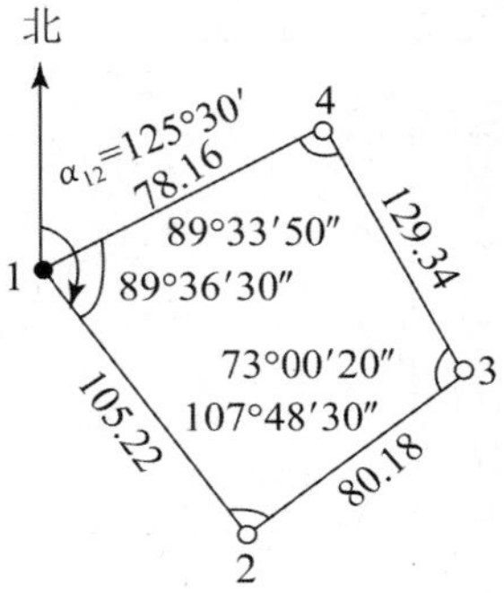

图6-15 第1题附图</td></tr>
</table>

2．附合导线（图 6-16）已知数据和观测数据已列入表内，试填表 6-13 计算未知导线点的坐标。

表6-13 导线测量计算表

点号	观测角 β/° ′ ″	改正后观测角 ° ′ ″	方位角α/° ′ ″	距离 D /m	纵坐标增量 Δx′ /m	横坐标增量 Δy′ /m	改正后 Δx /m	改正后 Δy /m	纵坐标 x /m	横坐标 y /m
A			192 59 22							
B	173 25 13			160.593					534.570	252.462
1	77 23 19			171.857						
2	158 10 46			161.505						
3	193 35 13			148.658						
C	197 58 03								506.568	691.858
D			93 31 10							
总和										

<table>
<tr><td>辅助计算</td><td>$f_\beta = \alpha_{AB} - \alpha_{CD} + \sum\beta \pm n\cdot 180°$
$f_{\beta允} = \pm 60''\sqrt{n}$
$f_x =$
$f_y =$
$f_D = \pm\sqrt{f_x^2 + f_y^2} =$
$K = \frac{f_D}{\sum D}$ $K_{允} = \frac{1}{2000}$</td><td>附图：
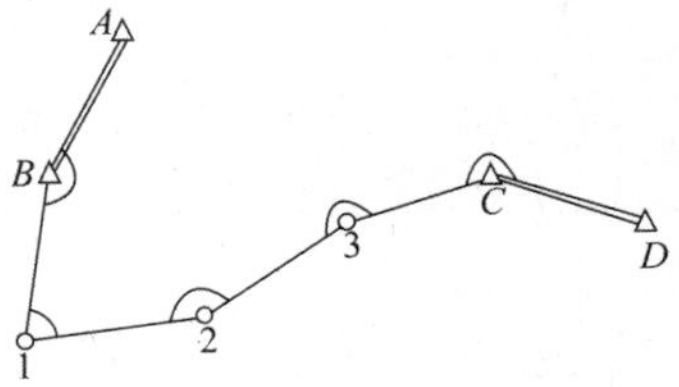

图6-16 第2题附图</td></tr>
</table>

3．如图 6-17 所示前方交会的已知数据和观测数据列于表 6-14，填表 6-14 计算并予校核。

表6-14　前方交会计算表

附图						

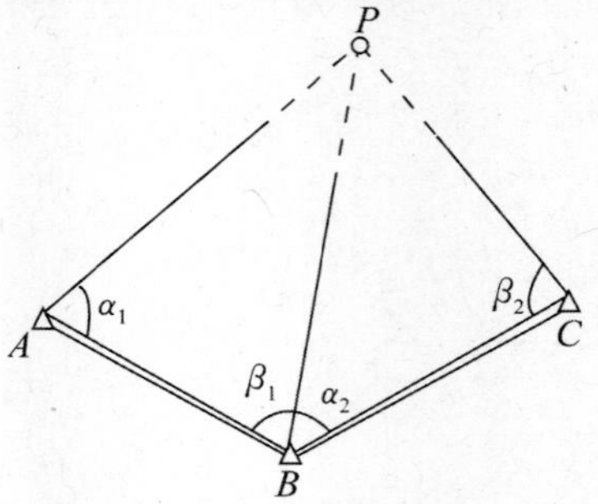

图6-17　第3题附图

点名	观测角		x/m		y/m	
A	α_1	54° 48′ 00″	x_A	807.04	y_A	719.85
B	β_1	32° 51′ 54″	x_B	646.38	y_B	830.66
P			x'_P		y'_P	
	cotα		cotβ		cotα+cotβ	
B	α_2	56°23′24″	x_B	646.38	y_B	830.66
C	β_2	48°30′54″	x_C	765.50	y_C	998.65
P			x''_P		y''_P	
	cotα		cotβ		cotα+cotβ	
$f = \pm\sqrt{\delta_x^2 + \delta_y^2}$			x_P		y_P	

三、思考题

1．导线测量有何优点？为何说导线测量是小区域平面控制测量最常用的形式？导线选点应注意什么？闭合导线和附合导线各适用于什么情况？它们的内业计算有何不同点？

2．什么情况下适于使用前方交会、侧方交会或后方交会，自由设站定位的实质是什么？何时适用？

3．同一测站的黑面高差和红面高差什么情况下会符号相反？举例说明其产生的原因。

4．和水准测量相比较，三角高程测量有何优点？适用于什么情况？影响三角高程测量的误差有哪些？如何削弱这些误差的影响？

5．GPS 定位的基本原理是什么？采用的是哪一种坐标系？什么是静态定位与动态定位？什么是绝对定位与相对定位？相对定位时，根据不同测站同时观测同一组 GPS 卫星信号，计算什么？确定什么？为何说相对定位比绝对定位的效果好？

第三部分

建筑工程测量应用篇

项目七 大比例尺地形图的测绘和应用

任务目标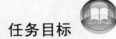

掌握地形图的基本知识及大比例尺地形图在工程施工中的应用，同时了解局部地区大比例尺地形图测绘的方法。

情景导入

小郭是某勘测单位测量员，某日，他受某水库方的邀请，协助他们测量水库的容积等情况，请问：如何利用地形图确定坝址上游的汇水面积和计算水库的库容？

任务一 地形图的基本知识

一、地形、地形图、地形图的比例尺和比例尺精度

地面上的房屋、道路、河流、桥梁等自然物体或人工建筑物（构筑物）称为地物；地表的山丘、谷地、平原等高低起伏的形态称为地貌，地物和地貌的总称为地形。而地形图就是将一定范围内的地物、地貌沿铅垂线投影到水平面上，再按规定的符号和比例尺，经综合取舍，缩绘成的图纸。地形是三维的空间形体，而图纸仅为二维平面，因此传统的纸质地形图实质上是三维地形在二维平面上的模拟。地形图是普通地图的一种，按成图方式的不同又有线划图、影像图和数字图之分。仅用各种线划符号和注记说明表示的为线划图；在航拍相片的基础上加工而成并保留有地面影像的为影像图；将地物、地貌的三维坐标以数字形式存储在计算机里为数字图。如果仅有地物的平面位置，而不反映地面的高低起伏，这样的图就是平面图。

地形图的内容可分为数字信息和地表形态两大类。数字信息是指根据地形图的比例尺、图廓、坐标格网等确定的地面点的平面位置和高程，以及地面点之间的水平距离、方位角和高差等；地表形态是指通过各种地物符号和地貌符号反映的地物和地貌的形状和特征等。

地形图的比例尺是图上任意两点间的长度和相应的实地水平长度之比，即 $1:M$，M 称为比例尺分母。如 $1:1\,000$ 地形图的图上 1cm，就代表实地水平距离为 10m。地形图比例尺按比值的大小可分为不同的类别。如 $1:100$ 万、$1:50$ 万、$1:25$ 万的称为小比例尺地形图，常用作国家以至世界范围的地形图；$1:10$ 万、$1:5$ 万、$1:2.5$ 万的称为中比例尺

地形图,常用于区域性的勘测规划、方案比选和初步设计;1∶10 000,1∶5 000,1∶2 000,1∶1 000,1∶500 的称为大比例尺地形图,常用于工程的技术设计、详细设计和施工放样。

人的肉眼能够分辨图上两点之间的最小距离为人眼的分辨率。人眼分辨率在图上都是0.1mm,但它所代表的实地距离却因比例尺的不同而异,因而就将人眼分辨率即图上 0.1mm所代表的实地距离视为地形图的比例尺精度。地形图不同比例尺的精度列于表 7-1。

表7-1　地形图不同比例尺的精度

比例尺	1:500	1:1 000	1:2 000	1:5 000	1:10 000
比例尺精度/m	0.05	0.1	0.2	0.5	1.0

由表 7-1 可见,比例尺越大的地形图,反映的内容越详细,精度也越高。当然,比例尺也并非越大越好,因为测图的成本将随比例尺的增大而成倍增加,关键是应根据工程的实际需要合理选择。例如,要求能将 0.1m 宽度的地物在地形图上表示出来,则根据地形图的比例尺精度即知所选的测图比例尺就不应小于 1∶1 000,以此作为合理选择测图比例尺的重要依据之一。

二、地物符号

地形图上的地物必须遵照中华人民共和国国家标准如《1∶500、1∶1 000、1∶2 000地形图图式》(GB/T7929—1995),采用统一规范的符号来表示。地形图图式不仅含有规范的地物符号,还包括专门的地貌符号和注记符号(参见表 7-2),是测绘和应用地形图的重要工具之一。

表7-2　地形图图式(1∶500.　1∶1 000)

符号说明	符号
三角点横山-点名 95.93-高程	3.0 横山 95.931
导线点 25-点名 62.74-高程	2.5 25 62.74 1.5
水准点Ⅱ京石 5-点名 32.804-高程	2.0 ⊗ 京石5 32.804
永久性房屋(四屋)	4
普通房屋	
厕所	厕

符号说明	符号
水塔	3.0 ⊕ 1.0 1.2
烟囱	3.5 ● 1.0
电力线高压	4.0 ⊕
电力线低压	4.0 4.0 ⊙
围墙1，砖石及混凝土墙	8.0
土墙	8.0 0.6
栅栏栏杆	8.0 1.0
篱笆	1.0 8.0
铁丝网	8.0 × × × ×
铁路	0.2 10.0 0.2 0.5
公路	0.3 沥 砾 0.3
简易公路	0.15 碎石 0.3
大车路	2.0 8.0
小路	4.0 1.0 0.3
阶梯路	0.5
河流、湖泊、水库、水涯线及流向	

符号说明	符号
水渠	
车行桥	
人行桥	
地类界	
旱地	
大面积的竹林	
草地	
耕田水稻田	
菜地	
等高线	

地物符号按特性、大小和在图上描绘方法的不同,可作以下分类。

（一）比例符号

水平轮廓较大的地物，根据其实际大小，按比例尺缩绘成的符号，如房屋、道路、河流等。

（二）半比例符号（线形符号）

呈带状延伸，但宽度较窄的地物，其长度按比例尺缩绘，而不表示其实际宽度的符号，如铁路、通信线路、乡间小路等。

（三）非比例符号

水平轮廓太小的地物，无法按比例尺进行缩绘，仅用于表示其形象的符号，如测量控制点（符号的几何中心与点位的实地中心相吻合）、纪念碑（符号的底部中心与地物的中心位置相吻合）、独立树（符号底部的直角顶点与地物的中心位置相吻合）等。

（四）注记符号

需要另用文字、数字或特定符号加以说明的称为注记，如河流及湖泊的水位，城镇、厂矿的名称，果园或苗圃等。

三、等高线

地形图上的地貌是用等高线来表示的。等高线是由地面上高程相等的相邻点连接而成的闭合曲线。如图 7-1 所示，设想以若干高度（图中为 100m，95m，90m）及相邻之间高差均为整米数的平静水面与某山头相交，再将所有交线依次投影到水平面上，得到一组闭合曲线。显然，每条闭合曲线上点的高程都相等，因而称为等高线，即可用于模拟该山头的形状。等高线不仅可用于表示地势起伏及山脉走向，还可用于表示地面坡度及实地高程。

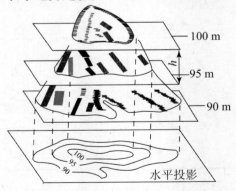

图7-1　等高线的生成

158

（一）等高距

相邻等高线之间的高差称为等高距，用 h 表示。一幅地形图上一般只用一种等高距，如图 7-1 中等高距为 5m。等高距的选择应考虑测图比例尺的大小和地势的起伏程度。比例尺越大、地势越平缓，所选等高距应越小。

适于一般地形图选用的基本等高距列于表 7-3。

表7-3　地形图基本等高距

比例尺	平坦地区/m	丘陵地区/m	一般山地/m	高山地区/m
1：500	0.5	0.5	0.5（或 1.0）	1.0
1：1 000	0.5	0.5（或 1.0）	1.0	1.0（或 2.0）
1：2 000	0.5（或 1.0）	1.0	2.0	2.0

（二）等高线平距

相邻等高线之间的水平距离称为等高线平距，用 d 表示。等高距 h 与等高线平距 d 之比为地面坡度 $i=\dfrac{h}{d}$。由于一幅地形图上的等高距 h 一般是固定的，因此就可以通过等高线平距的大小来反映地面坡度的变化。

（三）等高线的分类

1. 首曲线

首曲线是指同一幅地形图上，按规定的等高距勾绘的等高线（如图 7-2 中的 9m，11m，12m，13m 等高线）。

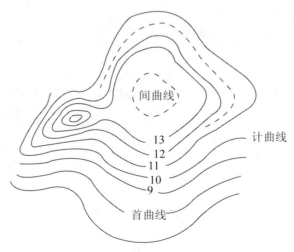

图7-2　等高线的分类

2. 计曲线

计曲线是指每隔 4 条首曲线加粗描绘的一条等高线。例如,在一幅等高距为 1m 的地形图上,逢 5m,10m 整数倍的等高线均加粗描绘,即为计曲线(如图 7-2 中的 10m,15m 等高线)。计曲线的醒目表示可使读图更加方便。

3. 间曲线

间曲线是指相邻两条首曲线之间二分之一等高距处,用虚线插绘的等高线。可以不闭合,一般在河滩等地势平缓处使用(如图 7-2 中的 11.5m,13.5m 等高线)。

(四)典型地貌的等高线表示

1. 山丘与盆地

山丘与盆地的等高线均由若干圈闭合曲线所组成。在其下坡方向绘有垂直于等高线的短线为示坡线。示坡线由内圈指向外圈,说明下坡由内向外,为山丘,如图 7-3(a)所示;示坡线由外圈指向内圈,说明下坡由外向内,为盆地,如图 7-3(b)所示。此外,如等高线有高程注记,显然,内圈高程注记大于外圈为山丘,小于外圈为盆地。

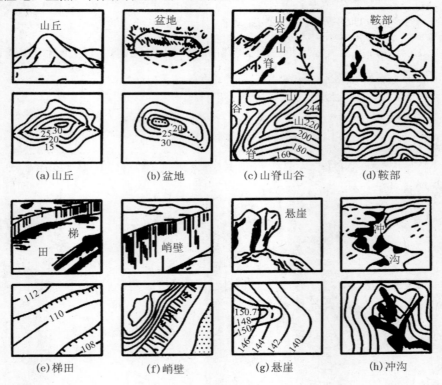

图7-3　典型地貌的等高线表示

2. 山脊与山谷

山脊与山谷的等高线均类似于一组抛物线。其拐点凸向低处的表示山脊,拐点的连线为山脊线,因雨水分流山脊两侧,所以又称分水线;其拐点凸向高处的表示山谷,拐点的连线为山谷线，因雨水沿山谷线集中，所以又称集水线，如图 7-3（c）所示。

3．鞍部

相邻两山头之间呈马鞍形的低地，为两个山头和两个山谷的会合点，其等高线近似于两组双曲线的对称组合，如图 7-3（d）所示。

4．特殊地貌

梯田如图 7-3（e）所示，峭壁如图 7-3（f）所示，悬崖如图 7-3（g）所示，冲沟如图 7-3（h）所示，常用专门的地貌符号表示。也有用等高线表示时，会出现相邻等高线相交的情况，如悬崖，被覆盖部分的等高线应以虚线描绘。有关特殊地貌的具体表示方法，可参见《地形图图式》。

（五）等高线的特性

综上所述，可得等高线以下特性：

（1）同一条等高线上的点高程相等。

（2）等高线为闭合曲线，不在图内闭合就在图外闭合，因此在图内，除遇房屋、道路、河流等地物符号以外，不能中断。

（3）除遇悬崖等特殊地貌，等高线不能相交。

（4）等高距相同的情况下，等高线越密，即等高线平距越小，地面坡度越陡；反之，等高线越稀，即等高线平距越大，地面坡度越缓。

（5）等高线遇山脊线或山谷线应垂直相交，并改变方向。

遵循以上特性，将有利于等高线的正确勾绘和地貌的正确判读。

图 7-4 是局部的实地地形与其相应地形图的对照示意图。

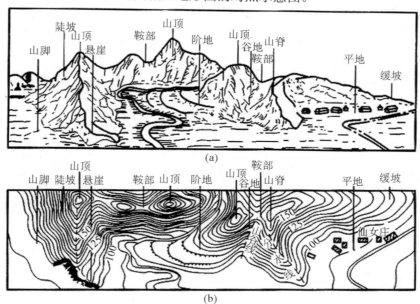

图7-4　实地地形与相应地形图

四、分幅和编号

测区的面积较大时，为了便于地形图的使用和管理，应按统一的规定对地形图进行分幅和编号。小比例尺的国家基本图是以1：100万的地形图作为基础，按一定的经差和纬差划分成梯形图幅来进行分幅和编号，称为国际分幅法；区域性的大比例尺地形图，则通常采用正方形图幅进行分幅和编号。不同比例尺的正方形图幅的大小和实地面积列于表7-4。

表7-4 正方形图幅的大小和实地面积

比例尺	图幅大小/cm×cm	实地面积/km²	一幅1：5000的图包含本图幅的数目
1：5000	40×40	4	1
1：2000	50×50	1	4
1：1000	50×50	0.25	16
1：500	50×50	0.0625	64

宽度较窄的带状地形图还可以采用40cm×50cm的矩形图幅。

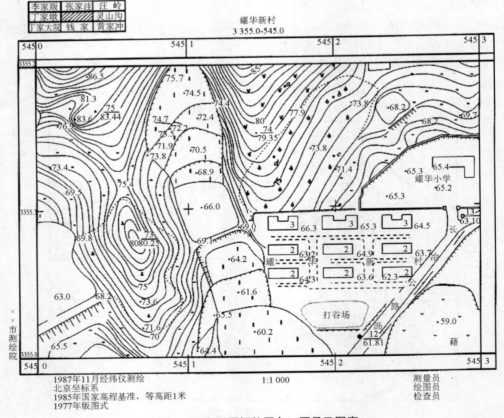

图7-5 正方形图幅的图名、图号及图廓

162

　　工程上使用的正方形或矩形图幅一般采用图廓西南角千米数编号法，即以图廓西南角坐标的千米数（1：500 地形图取至 0.01km，1：1 000、1:2 000 地形图取至 0.1km，x 坐标在前，y 坐标在后，中以"-"）进行编号。如图 7-5 所示，该图幅西南角坐标 $x=3\,355.0$km，$y=545.0$km，其编号即为 3 355.0-545.0（该图仅为正规图幅的西南部分）。

　　如测区面积不大，采用假定直角坐标系，则可采用测区与阿拉伯数字或字母相结合编号法，即先从左至右，再从上至下，以数字（1，2，3…）或字母（A，B，C…）为代码对图幅进行编号，如图 7-6 所示，设测区为 XX，则带晕线的图幅号即为 XX-10，更为简便。

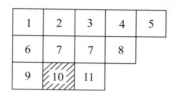

图7-6　测区与数字组合编号

五、图廓、坐标格网与注记

　　地形图一般绘有内外图廓。内图廓为图幅的边界线，也是坐标格网的边线；外图廓是加粗的图廓线。内图廓外四角处注有取至 0.1km 的纵横坐标值，图内绘制 10cm×10cm 一格的坐标格网（有的仅在格网交叉点留有纵横均为 10mm 长的"+"字，内图廓的内侧留有 5mm 长的短线）（图 7-5）。坐标格网是测图时展绘控制点和用图时图上确定点的坐标的依据。

　　图廓外的注记一般包括以下内容：

1. 图名与图号

注于图幅上方，一般以图幅内的主要地名作为本幅图的图名，其下方为图号。

2. 图幅接合表

绘于图幅左上方，表明本图幅与东西南北及其斜向 8 个方向相邻图幅的关系，表内可注图名，亦可注图号。

3. 其他注记

在图幅下方，一般还应注记比例尺、测图日期、测图方法、坐标系统和高程基准、等高距、地形图图式的版本及有关测图负责人员的姓名等，外图廓左侧下方注以测绘单位的全称。

任务二　大比例尺地形图的测绘

　　大比例尺地形图的测绘，就是在控制测量的基础上，采用适宜的测量方法，测定每个控制点周围地形特征点的平面位置和高程，以此为依据，将所测地物、地貌逐一勾绘于图纸上。本任务介绍大比例尺地形图测绘的原理和方法。

一、大比例尺地形图测绘的原理

（一）地形特征点的选择

地物和地貌投影至平面上总会有各种呈点、线、面的几何形状，无论哪种几何形状又都可分解为点。这些点就是地物特征点或地貌特征点，统称为地形点，又称碎部点。

1．地物特征点

地物特征点是能反映地物平面外形轮廓的关键点，如房屋的屋角、河岸的拐点、道路的交叉点及独立地物的中心点等。

2．地貌特征点

地貌特征点是山头、谷地关键部位的点，如山顶、鞍部、谷底及山脊线、山谷线、坡脚线上坡度、走向变换的点。

当上述地形特征点相互距离较远时，还应在这些点之间适当加密点位，以满足测图精度的需要。

图 7-7 是测图时合理选择地形点的示意图，图中竖立直尺的位置即应选择的地形点点位。

图7-7　地形点的选择

（二）测定地形点平面位置的基本方法

在控制点上设站测量地形点（即碎部点）的基本方法有以下 4 种：

1．极坐标法

如图 7-8 所示，为测定地形点 a 的位置，在控制点 A 上架设仪器，以 AB 为起始方向，测量 AB 和 Aa 之间的水平角 β 以及 $A\sim a$ 的水平距离 D_{Aa}，即可确定 a 点的位置。此法应用最广，尤其适合于开阔地区。

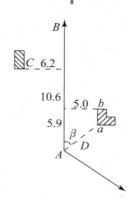

图7-8　极坐标法与直角坐标法测定点位

2．直角坐标法

图 7-8 中，为测定地形点 b 的位置，先由 b 点向 AB 边作垂线，再分别量取 A 点和 b 点至垂足的距离，即可确定 b 的点位。此法适合于建筑物较为规整，控制网离地形点较近的地区。

3．角度交会法

如图 7-9 所示，在两个控制点 A，B 上架设仪器，分别测量水平角 α 与 β，按前方交会的方法确定 a 的点位。此法适合于水域或地形点不易到达的地区。

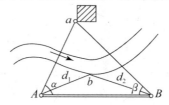

图7-9　角度交会法和距离交会法测定点位

4．距离交会法

图 7-9 中，分别量取控制点 A，B 至 b 点的距离，亦可按距离交会的方法确定 b 的点位。此法适合于量距方便的地区。

上述方法在测图时既可以单独使用，也可以综合选用。

二、大比例尺地形图的经纬仪测绘法

经纬仪测绘法是一种常规的碎部测量方法，简单易行，在传统的局部地区大比例尺地形图测绘中，应用广泛。

（一）准备工作

在完成测区图根控制测量的基础上，需要进行以下测图前的准备工作：

1. 图纸准备

传统的地形图测绘为白纸测图，即以图画纸作为图纸，目前，多以聚酯薄膜代替。其优点是既能防水，又能减少变形，便于长期保存。图幅的大小如表 7-4 所示。

2. 绘制坐标格网

碎部测量是以图根点为依据的，自然先要将图根点精确地展绘到图纸上。为此，首先要在图纸上绘制坐标格网。坐标格网以 10cm×10cm 为一格，对于 50cm×50cm 的图幅而言，即有 5 行 5 列计 25 个方格。已往多用手绘，其方法为：先在正方形或长方形图纸上绘两条对角线，以交点为圆心，适当长度为半径，在对角线上截取 A，B，C，D 四点，连接此四点成一矩形。自 A 点始沿 AC，AD 方向每隔 10cm 截一点，再用同法分别自 C 点和 D 点始，沿 CB 和 DB 方向每隔 10cm 截一点，将对边的相应点连线即成格网，如图 7-10（a）所示。格网绘好后应予检查，所有边长和对角线长度的误差，以及各方格的角顶偏离同一直线的误差均不得大于图上 0.2mm。现在已有机器绘制好坐标格网的聚酯薄膜，可直接购买使用。

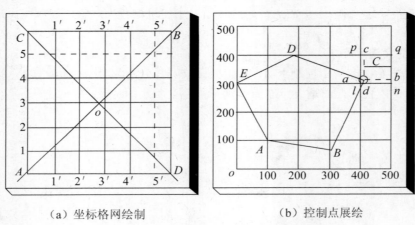

（a）坐标格网绘制　　　　　　（b）控制点展绘

图7-10　坐标格网的绘制及控制点展绘

最后，根据地形图分幅的要求（满幅）或图内控制点最大最小坐标值（不满幅），先合理确定坐标格网西南角的坐标，然后再根据测图比例尺在坐标格网每条横线的左侧和每条竖线的下方注记相应的坐标值，如图 7-10（b）所示。

3. 展绘控制点

根据控制点的纵横坐标值，依次将其展绘到图纸上，称为展绘控制点。首先，确定点位所在的方格。如图 7-10（b）中展绘导线点 C，其坐标为 $x_c=313.95m$，$y_c=412.85m$。可确定该点应在 lpqn 方格内，然后按比例尺分别自 l 点和 n 点向上截取 13.95m（图上长度为 14.0mm）得 a 点与 b 点，再分别自 p 点和 l 点向右截取 12.85m（图上长度为 12.8mm）得 c 点与 d 点，则连线 ab 和 cd 的交点即为 C 点在图上的位置。接着在点位右侧绘一长 1cm 的横线，其上注记点的编号，其下注记点的高程（如 $Hc=21.35m$）。依此类推，将图幅内所有控制点的点位展绘出来。展绘完毕，亦应予以检查。其方法是量取各相邻控制点间的图上长度和相应控制点间的实地长度除以测图比例尺的分母进行比较，其差值不得大于图上

0.3mm。

（二）现场作业

经纬仪测绘法的现场作业，就是在控制点上架设经纬仪（称为测站），近旁安置图板，将每个测站周围的碎部点逐一测定并展绘到图板上，然后勾绘出地物和地貌来。在一个测站（如 A 点）上，首先测定竖盘指标差 x（每天开始作业前测一次），量取仪器高 i，再选择一相邻控制点（如点 B）作为零方向，用仪器照准该点，将水平度盘（由于碎部测量精度要求稍低，因此仅用盘左）配置到 $0°00'$，然后就可运用极坐标法，依次测定由跑尺员所选定并立尺（如用电子经纬仪或全站仪，则竖立反射棱镜）的碎部点的平面位置，同时测定其高程，如图7-11（a）所示。具体的作业步骤包括：测、记、算、展、绘。

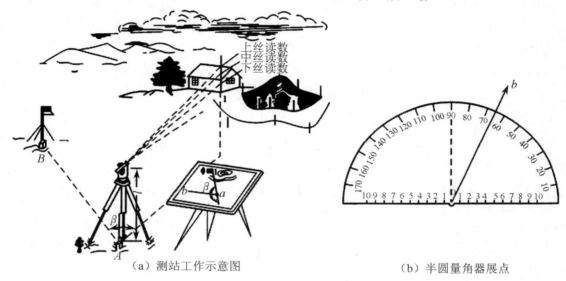

（a）测站工作示意图　　　　　　　　（b）半圆量角器展点

图7-11　经纬仪测绘法

1．测

照准碎部点上所立标尺读取平盘读数（精确至分），即为水平角 β，再依视距测量读取上、中、下三丝读数，同时使竖盘指标水准管气泡居中，读取竖盘读数（精确至分）。

2．记

将上述所有观测数据记入手簿（表7-5）相应栏内。

表7-5　碎部测量手簿

仪器高 1.45　　　　　　指标差 x=0　　　　　测站 A　　　　零方向 B　　　　测站高程 23.45

测点	水平角/° ′	标尺读数		视距间距/m	竖盘读数/° ′	竖直角/° ′	高差/m	水平距离/m	测点高程/m	备注
		中丝	下丝上丝							
1	55 38	1.450	1.560 1.340	0.220	88 06	+154	+0.73	22.0	24.18	
2	74 32	2.000	2.871 1.128	1.743	92 32	−232	−8.25	174.0	15.20	
3	208 45	1.450	2.030 0.870	1.160	82 19	+741	+15.37	105.3	38.82	

3．算

按式（3-4）计算竖角 α；按式（4-15）～（4-17）计算测站到该碎部点的水平距离 d 和高差 h，并根据测站点的高程计算出该碎部点的高程 H（距离至 dm，高程至 cm）。如用全站仪，则可直读距离及高差，而无需计算。

4．展

用半圆量角器按极坐标和测图比例尺将碎部点展到图纸上。具体方法是：连线图上 A，B 两点为测站的零方向线，将测针通过量角器的圆心小孔，插至图上测站点 A，后转动量角器使其上等于该点水平角 β 的刻度值与测站的零方向线重合，如图 7-11（a）所示，此时量角器底边直尺所指即为该碎部点的极坐标方向，如图 7-11（b）所示，该点极坐标方向为 60°30′，再按经比例尺缩小后的测站至该碎部点的距离 d，用铅笔沿量角器底边的直尺，展出该碎部点的位置。需要注意的是半圆量角器上部有两排刻划。一排为 0°～180°（黑色刻划），另一排为 180°～360°（红色刻划），与 0°～180° 的角度对应的距离用其底边右端直尺（亦为黑色刻划），与 180°～360° 的角度对应的距离用其底边左端直尺（亦为红色刻划）。最后在点位右侧注上该点的高程（地物点），或以点位兼作高程数字的小数点（地貌点）。

5．绘

参照现场实际地形勾绘地物和等高线。

（1）地物的勾绘，即对照实际地物，将特征点连接成地物平面投影的轮廓线。

（2）等高线勾绘，首先对照实际地形将地性线（即山脊线和山谷线）上的特征点用虚线连起，然后在两相邻地貌特征点之间内插整米数的等高点。由于所选的地貌特征点都是坡度或走向变换的点，因此相邻点之间的坡度可认为是均匀的，即可按高差与平距成正比的原则进行内插。据此原理，实际作业中一般采用目估内插法，如图 7-12（a）所示，甚为简便。随后，对照实际地形将相邻的等高点依次连接成等高线，如图 7-12（b）所示。

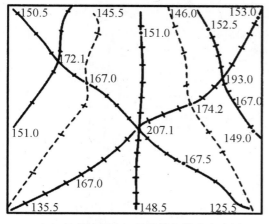

（a）地貌特征点、地性线与等高点内插

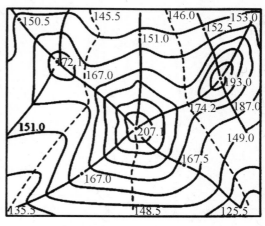

（b）等高线勾绘

图7-12　依据地貌特征点目估内插等高点与等高线勾绘

（3）检查　勾绘完毕，应及时检查图上所绘地物和等高线与实际地物和地貌是否相符，如发现有疏漏或矛盾处，应立即进行增补和修改，如矛盾较大，应通过复测加以纠正。

在一个测站工作完成迁至下一测站后，应先对邻近的上一测站所测内容，选择其中少量的地形点再复测其点位和高程，无误后再开始新测站的工作。

（三）拼图、整饰、检查与验收

1. 拼图

测区较大有较多图幅时，在完成现场的测图后应进行相邻图幅的拼接，称为拼图。即将相邻图幅衔接边处的图上内容，按坐标格网线拼在一起（指聚酯薄膜图，如是白纸图，则可将两幅图上的相关内容蒙绘在同一透明纸条上），检查内图廓两侧地物和等高线的衔接情况（图7-13），若同一地物的轮廓线相差小于2mm，同一根等高线相差小于相邻等高线的平距，即可取二者的平均位置对原图进行调整。如相差过大或发现有误，则应返工重测。

2. 整饰

拼图完毕，将图上多余的线条和注记擦去，对地物轮廓线和等高线进行整理、修饰或加粗（计曲线），并按图式规定注记相应的文字、数字和地物符号。最后完成图廓及图名、图号、比例尺等图廓外所有注记。

3. 检查

为了保证测图的质量，应对完成的图纸进行全面检查。首先检查测图时的外业观测资料是否符合要求；然后在室内检查图上内容是否合理，等高线的勾绘是否正确；最后再到室外，将图纸与实地地形相对照，看其内容是否符合实际，有无遗漏，必要时可在现场设站对部分地物、地貌进行实测，以检定图纸的精度。

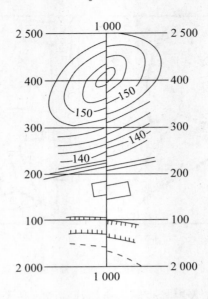

图7-13　图幅的拼接

4．验收

图纸检查符合要求后上交所有成果，经有关部门审核、评定质量，即可验收。

三、水下地形图测绘简介

在水域建筑或航运工程中往往需要应用水下地形图。和陆上地形图测绘一样，水下地形图测绘也应遵循"由整体到局部""先控制后碎部"和"由高级至低级"的原则，一般事先在河流两岸布设导线网或三角网，同时进行水准测量或三角高程测量，作为测区的平面和高程控制，以此作为水下地形测绘的依据。除此以外，水下地形图测绘还具有如下特点。

（一）高程基准面的选择

水下地形图测绘的高程基准面，有时用黄海高程面（适于测绘近岸工程用水上、水下地形图），有时用航运基准面（适于测绘航道图）。所谓航运基准面，是将航道根据河床的高低或管辖范围分成若干河段，以每河段历年最低枯水位以下 0.5～1.0m 为零点作为该河段的高程基准面。

（二）地貌的表示方法

水下地形图若以黄海高程面作基准面，仍用等高线为地貌符号；若以航运基准面为基准面，则用等深线为地貌符号。例如，在航道图中，以航运基准面为零点，向下为正，向上为负，即以航运基准面至水底的深度勾绘等深线，用以模拟水下地形。

（三）地形点的布设

水下地形测绘时，由于无法选择水下地形的特征点，因此采用均匀布设的方法，即首先在河道横向每隔一定间距（一般为图上 1～2cm）布设断面。作业时，在每一断面上船艇由河岸一端沿断面向对岸行驶，每隔一定距离（一般为图上 0.6～0.8cm）施测一点。断面的布设一般应与河道的流向垂直，河流弯曲处，则通常布设成辐射形（图 7-14）。

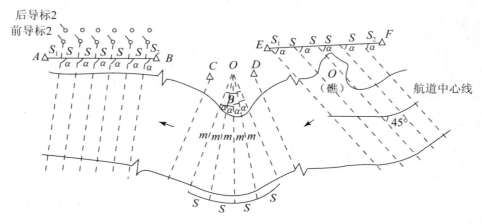

图7-14　水下地形断面布设示意图

（四）施测方法

测定水下地形点的点位，一般采用经纬仪前方交会，如图 7-15（a）所示，加船上测深仪测深的方法，如图 7-15（b）所示，即在河岸控制点上同时安置两架经纬仪，当沿断面前进的船艇发出施测信号，立即进行角度前方交会确定测深点的平面位置，同时用船上的测深仪向水底发射声波，确定深度。目前，有的测量船上已经装有 GPS 卫星定位接收设备，

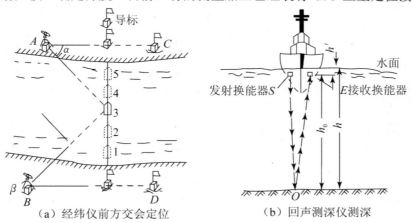

（a）经纬仪前方交会定位　　　　　（b）回声测深仪测深

图7-15　水上测深定位

配合测深装置，即可实现测深定位的自动化。需要注意的是，在水下地形测量中，由于受潮汐影响，测深时的河面高程（即水位）不断变化，因此应根据当日的水位观测资料，对水深观测数据进行改正，以便将观测水深化为统一基准面以下的深度。

任务三　地形图应用的基本内容

一、地形图的识读

地形图的识读是正确应用地形图的前提。识读地形图必须首先掌握《地形图图式》规定的各种地物、地貌的表示方式，然后对图上的数字信息和地表形态等有所了解，以此分析图纸所包含的各种地形特征、地理信息及其精度，从而为正确应用地形图进行工程的规划、设计和施工提供保证。地形图的识读一般包括以下内容。

（一）图廓外注记的识读

重点了解测图比例尺、测图方法、坐标系统和高程基准、等高距、地形图图式的版本等成图要素。此外，通过测图单位与成图日期等，也可判别图纸的质量及可靠程度（参见图 7-5）。

（二）地貌识读

首先判别图内各部分地貌的类别，属于平原、丘陵还是山地；如系山地、丘陵，则搜寻其山脊线、山谷线即地性线所在位置，以便了解图幅内的山川走向及汇水区域；再从等高线及高程注记，判别各部分地势的落差及坡度的大小等。这些地貌特征对工程规划设计的可行性和施工时的工程量及难易程度都会产生影响。

（三）地物识读

地物主要指城镇及居民点的分布，道路、河流的级别、走向，以及输电线路、供电设备、水源、热源、气源的位置等，这些对工程建设的房屋拆迁、器材运输、物资供应及能源保障等的统筹规划将起到重要作用。

此外，图上的农田水利、环保设施、森林植被等也是反映工程建设所处环境及其可利用资源的重要信息。

二、地形图的基本应用

（一）图上确定点的平面坐标

根据点所在网格的坐标注记，按与距离成比例量出该点至上下左右格网线的坐标增量 $\Delta x, \Delta y$ 即可得到该点坐标。例如，图7-16中量得 A 点至所在网格下边线27 000m的 $\Delta x=739m$；左边线 5 000m 的 $\Delta y=300m$，则

$$x_A = 27\,000m + 739m = 27\,739m$$

$$y_A = 5\,000m + 300m = 5\,300m$$

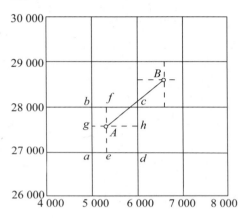

图7-16 图上确定点的平面坐标

还应量取 A 点至所在网格上边线的 Δx 和右边线的 Δy 作为校核，同法可得 B 点坐标。

（二）图上确定点的高程

根据等高距 h、该点所在位置相邻等高线的平距 d 及该点与其中一根等高线的平距 d_1，按比例内插出该点至该等高线的高差 $\Delta h = \dfrac{d_1}{d}h$，即可得到该点高程。例如，图 7-17 中，等高距 $h=1m$，量得 c 点处等高线平距 $d=8.0mm$，c 点与50m 等高线平距 $d_1=5.5mm$，则得 c 点高程：

$$H_c = 50.0m + \frac{5.5m}{8.0m} \times 1m = 50.0m + 0.369m = 50.69m$$

同样还应量取 c 点至51m 等高线的平距，再内插一次 c 点的高程作为检核。

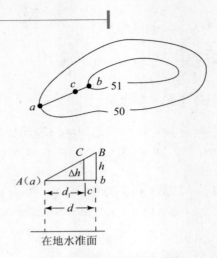

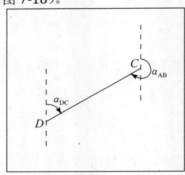

图7-17　图上确定点的高程

（三）图上确定直线的长度和方向

1. 直接量取法（图解法）

用直尺直接在图上量取图上直线的距离，乘以比例尺分母即得直线的实地长度；过直线的起始点作坐标纵轴的平行线，用半圆量角器自纵轴平行线起始顺时针量取至直线的夹角，即得直线的坐标方位角（图 7-18）。

图7-18　图上量取直线方位角

2. 坐标反算法（解析法）

直接在图上量取直线两端点的纵、横坐标，代入坐标反算公式，即式（1-20）和式（1-21），计算该直线段的方位角和距离。

（四）图上确定直线的坡度

图上先确定直线两端点的高程，算得两端点之间的高差 h，再量取直线之间的平距 d，即可按式（7-1）计算该直线以百分数表示的坡度 i：

$$i = \frac{h}{d} \qquad\qquad （7-1）$$

三、图上面积量算

在图上量算封闭曲线围成图形的面积，有以下方法：

（一）透明格网法

如图 7-19 所示，将一绘有毫米格网的透明胶片覆盖于需量算面积的图形上，数出图形所占有的整方格数 n_1 和其边界线上非完整的方格数 n_2，代入式（7-2）即可算得该图形的实地面积 A。

$$A = \left(n_1 + \frac{n_2}{2} \right) \times \frac{M^2}{10^6} \qquad （7\text{-}2）$$

式中：M——地形图比例尺分母。

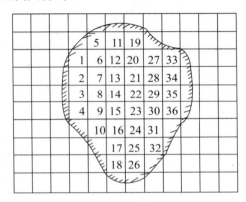

图7-19　透明格网法量算面积

（二）电子求积仪法

电子求积仪是一种专门用于在图上量算面积的电子仪器，如图 7-20 所示，主要由主机、动极和动极轴、跟踪臂和跟踪放大镜等组成，跟踪放大镜中心的小红点即跟踪点。作业时手扶放大镜使跟踪点自图形边界某点起始，沿封闭曲线顺时针转动，动极和主机亦随跟踪放大镜一道移动，回到起点后，根据积分的原理由微处理机自动计算出图形的面积，并在窗口显示出来。电子求积仪量算面积具有以下特点：

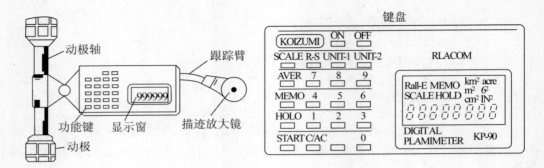

图7-20　电子求积仪

（1）实现面积量算的半自动化。

（2）可选择面积的单位制和单位。单位制有公制和英制，单位有 cm²，m²，km² 及 in²（平方英寸），ft²（平方英尺），acre（英亩）。

（3）可设置比例尺。

（4）对大的图形可分块量测，并对量测结果进行累加。

（5）可对同一图形进行多次面积量测，取其平均值。

具体仪器的使用方法有说明书可供参考。

（三）数字化仪法

用手扶跟踪的方法将图件上的点、线、面等几何要素转换成坐标数字的仪器称为矢量数字化仪，简称数字化仪。其基本结构由鼠标器、数字化板、微处理器和相应的接口所组成，其外形如图 7-21（a）所示。鼠标器外部装有十字丝及若干操作键。十字丝用于精确对准图纸上的点位，操作键可执行相关操作。数字化仪表面为工作台板，根据其幅面大小，由 A_0 至 A_4 分为 5 种型号。面板一侧有输出接口与计算机实现联机通讯。

面积量算时，首先在图形的边界线上将方向有明显变化处注为拐点，如图 7-21（b）所示，然后手扶鼠标器自某点起始，沿封闭曲线顺时针移动，凡遇拐点按下操作键，直至回到起点。此时，在计算机内即得所有拐点按序排列的在数字化仪面板坐标系统内的 X，Y 坐标（横轴为 X，纵轴为 Y）。并且代入式（7-3）梯形面积累加公式自动计算图形的面积 S（式中，当 $i=n$ 时，第 $i+1$ 点即为返回第 1 点）：

$$S = \frac{1}{2} \sum_{i=1}^{n} (X_{i+1} - X_i) \cdot (Y_{i+1} - Y_i) \qquad (7-3)$$

用数字化仪进行面积量算，不仅速度快，而且精度高，与相应的数据处理软件配合使用，还可自动实现不同类别图形面积量算的分类统计。

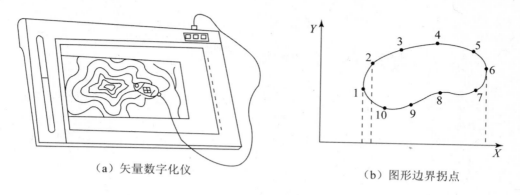

（a）矢量数字化仪　　　　　　　　　（b）图形边界拐点

图7-21　数字化仪量算面积

任务四　地形图在施工中的应用示例

一、利用地形图绘制特定方向的纵断面图

纵断面图可以更加直观、形象地反映地面某特定方向的高低起伏、地势变化，在道路、水利、输电线路等工程的规划、设计、施工中具有突出的使用价值。在精度要求稍低时，可以直接利用地形图上的有关信息，绘制某特定方向的纵断面图。

如图 7-22（a）所示，*AB* 为某特定方向。为绘制其纵断面图，先在地形图上标出直线 *AB* 与相关等高线的交点 *b*，*c*，*d*，…，*p*，且沿 *AB* 方向量取 *A* 至各交点的水平距离。然后在另一图纸上绘制直角坐标系，横轴代表水平距离 *D*；纵轴代表高程 *H*，如图 7-22（b）所示。按 *A* 至各等高线交点的水平距离在横轴上据横向比例尺依次展出 *b*，*c*，*d*，…，*p*，*B* 各点；再通过这些点作纵轴的平行线，在各平行线上，据纵向比例尺分别截取 *A*，*b*，*c*，*d*，…，*p*，*B* 等点的高程，最后将各高程点用光滑曲线连接，即得 *AB* 方向的纵断面图。

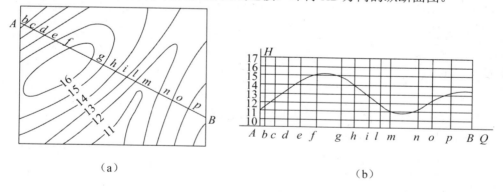

（a）　　　　　　　　　　　　　　　　（b）

图7-22　利用地形图绘制纵断面图

在绘制纵断面图时一般将纵向比例尺较横向比例尺放大 10～20 倍，譬如横向比例尺为

1：2 000，而纵向比例尺则采用1：200，这样可以将地势的高低起伏更加突出地表现出来。

二、利用地形图按给定坡度选定路线

道路、管线工程中，往往需要在地形图上按设计坡度选定最佳路线。如图 7-23 所示，在等高距为 h、比例尺为 1：M 的地形图上，有 A，B 两点，需在其间确定一条设计坡度等于 i 的最佳路线。最佳的含义首先是最短。为此计算满足该坡度要求的路线通过图上相邻两条等高线的最短平距 d：

$$d = \frac{h}{i} \cdot M \qquad\qquad (7\text{-}4)$$

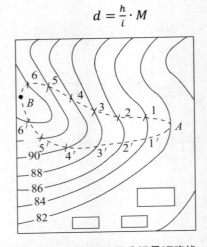

图7-23 利用地形图选择最短路线

首先在图上以 A 点为圆心，以 d 为半径画圆弧，交 84m 等高线于 1 号点，再以 1 号点为圆心，以 d 为半径画圆弧，交 86m 等高线于 2 号点，依此类推直至 B 点；再自 A 点始，按同法沿另一方向交出 $1'$，$2'$，…直至 B 点。这样得到的两条线路坡度都等于 i，同时距离也都最短。需要注意的是，若在作图过程中出现圆弧与等高线无法相交的情况，说明该处地面坡度小于设计坡度 i，此时可按相邻等高线之间的最短平距画延伸线。如果两条路线中都有这种情况，各条路线的总长将不相等，应取较短的一条为最佳路线；如果两条路线都不存在这种情况，它们的总长理论上相等，可通过现场踏勘，从中选择一条施工条件较好的线路为最佳路线。

三、利用地形图进行场地平整设计

建筑工程施工必不可少的前期工作之一是场地平整，即按照设计的要求事先将施工场地的原始地貌整治成水平或倾斜的平面。其基本原则一般为平整过程中的挖方和填方基本相等，以节省工程量；或整治后的平面须通过原地面的某些特征点，以满足工程的具体要求。在精度要求稍低时，可以直接利用地形图上的有关信息，对场地平整进行设计。

（一）整治成水平场地的设计

如图 7-24 所示，需将地形图范围内的原始地貌整治成水平场地，按挖方和填方基本相等的原则设计，其步骤如下：

1. 确定图上网格角点的高程

在图上绘制方格网，网格的边长视地形的复杂程度和土方量估算精度的要求而定，一般取实地 20m（在 1∶1 000 地形图上为 2cm）为宜。然后根据等高线逐一确定每个方格角点的高程，注于各方格角顶的右上方。

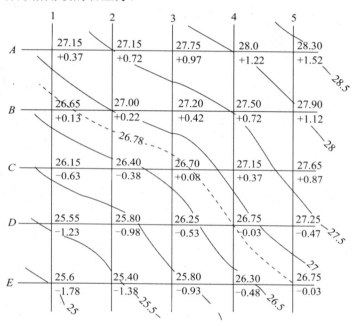

图7-24　平整水平场地设计示意图

2. 计算设计高程

设计高程又称零线高程，即场地平整后的高程。为了满足挖方和填方基本相等的原则，设计高程实际上就是场地原始地貌的平均高程，即先根据每个方格四角点的高程计算该方格的平均高程，再根据每个方格的平均高程计算整个场地的平均高程，即得设计高程。在计算中，外围 4 个角点各用 1 次，四周边线上的角点各用 2 次，中间部分的角点各用 4 次，因而，设计高程的计算公式为：

$$设计高程 = \frac{\left(\frac{1}{4}\sum 外角点高程 + \frac{1}{2}\sum 边角点高程 + \sum 中角点高程\right)}{方格总数} \qquad (7-5)$$

随后，在地形图上插绘出该设计高程的等高线，称为零线，即挖、填土方的分界线（图 7-24 中，虚线即为零线，其高程为算得的设计高程 26.78m）。

3．计算挖深和填高

将每个方格角点的原有高程减去设计高程，即得该角点的挖深（差值为正）或填高（差值为负），注于图上相应角点的右下方（单位：m）。

4．计算土方量

土方量的计算有两种方法：

一种是分别取每个方格角点挖深或填高的平均值与每个方格内需要挖方或填方的实地面积相乘，即得该方格的挖方量或填方量；分别取所有方格挖方量与填方量之和，即得场地平整的总土方量。

另一种是在图上分别量算零线及各条等高线与场地格网边界线所围成的面积（如果零线或等高线在图内闭合，则量算各闭合线所围成的面积），根据零线与相邻等高线的高差，及各相邻等高线之间的等高距，分层计算零线与相邻等高线之间的体积及各相邻等高线之间的体积，即可通过累加，分别计算出总的填方量和挖方量。

需要注意的是，原始地貌开挖并就地回填后，会产生一定的松散度，因此在设计平衡挖、填土方时，应将挖方量乘以适当的松散系数。

（二）整治成倾斜场地的设计

如图 7-25 所示，需将地形图范围内的原始地貌整治成通过原地面 A，B，C（图上相应为 a，b，c，高程分别为 152.3m，153.6m 和 150.4m）3 个特征点的倾斜平面的场地，其步骤如下：

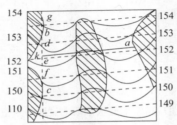

图7-25　平整倾斜场地设计示意图

1．图上插绘设计面的等高线

设计面的等高线就是整治成倾斜平面后的等高线，应为一组等间距的平行线。由于倾斜平面必须通过 a，b，c 3 个点，因此，首先应在 ab，bc，ca 3 条连线中任意一条上按比例内插出其间整米数的高程点，如在 bc 线上插得高程分别为 153m，152m 和 151m 的 d，e 和 f 点。再在 bc 线上内插出与 a 点高程（152.3m）相等的点 k，连接 ak 即成为设计斜面上高程为 152.3m 的等高线。然后通过 d，e，f 点作 ak 的平行线，即得设计面上整米数的等高线（图中以虚线表示）。将 bc 线两端点向外延长，继续截取与 de 等长的线段，并作 ak 的平行线，同样可得 bc 两端点以外的设计面等高线。

2．绘制零线

找出设计斜平面等高线与原地貌相同高程等高线的交点，用平滑曲线连接起来，即得挖方与填方的分界线—零线（即填、挖分界线）。

3．计算图上任一点的挖深或填高

先依据图上原等高线内插某点的实地高程，再依据设计斜面上等高线内插同一点的设计面高程，用实地高程减去设计面高程，即得该点的挖深（差值为正）或填高（差值为负）。

4．计算土方量

根据零线即可在图上绘制填方区（图 7-25 中绘有斜线的部分）和挖方区（图 7-25 中其余的部分）。分别计算填方区的平均填高和挖方区的平均挖深，并量测填方区和挖方区的面积，即可分别算得总的填方量和挖方量。

四、利用地形图确定汇水面积和计算水库库容

在水利工程的设计和施工中往往需要确定水坝修筑区域的汇水面积和计算水库库容，这些也可在地形图上进行。所谓汇水面积就是坝址上游雨水汇集的面积，也就是分水线所包围的面积，如图 7-26 中虚线所围成的部分。显然，只要在坝址上游勾绘出分水线（即山脊线），然后对其包围的区域进行面积量算即可。因此，关键是分水线的勾绘必须正确，即分水线应通过山顶或鞍部的等高线的拐点、分水线应与等高线正交等，而汇水面积的边界线则由坝的一端起始，沿分水线，最后回到坝的另一端点，形成闭合环线。

图7-26　在地形图上确定汇水面积和水库库容

计算水库库容应事先知道水坝的溢洪道高程，即水库的设计水位。根据该水位确定水库的淹没线所围成的区域，如图 7-26 中的阴影部分，淹没区的蓄水体积即为水库的库容。计算时，应首先在地形图上逐一量算淹没线围成的面积 A_0、淹没线以下各等高线所围成的面积 A_i（$i=1$，2，3，$\cdots$，n，为淹没线以下等高线的编号），然后根据地形图的等高距 h 及淹没线至其下第一根等高线的高差 h' 和最低一根等高线至库底的高差 h''，分别计算。

淹没线至其下第一根等高线之间的体积：$v' = \dfrac{A_0 + A_1}{2} \cdot h'$

各相邻等高线之间的体积：$v' = \dfrac{A_i + A_{i+1}}{2} \cdot h$（$i = 1$，2，3，$\cdots$，$n-1$）

最低一根等高线至库底的体积：$v'' = \dfrac{A_n}{3} \cdot h''$（因近似锥形，所以其分母为 3）

最后，将所有体积累加即得水库的库容。

项目小结

（1）地形图就是将一定范围内的地物、地貌沿铅垂线投影到水平面上，再按规定的符号和比例尺，经综合取舍，缩绘成的图纸。地形图的比例尺是图上任意两点间的长度和相应的实地水平长度之比。人眼分辨率即图上 0.1mm 所代表的实地距离为地形图的比例尺精度。

（2）常用的地物符号有比例符号、半比例符号、非比例符号和注记；地貌则用等高线来表示。

（3）大比例尺地形图的测绘，就是在控制测量的基础上，采用适宜的测量方法，测定每个控制点周围地形特征点的平面位置和高程，以此为依据，将所测地物、地貌逐一勾绘于图纸上，常用的测绘方法为经纬仪测绘法。

（4）地形图的基本应用包括在地形图上确定点的坐标、高程、直线的长度和方向及面积量算。在施工中的一般应用包括利用地形图绘制特定方向的纵断面图、利用地形图按给定坡度选定路线、利用地形图进行场地平整设计及在地形图上确定汇水面积和计算水库库容等。

课后训练

一、填空题

1. _____ 称为地物，_____ 称为地貌，_____ 称为地形，_____ 称为地形图。_____ 为地形图的比例尺，地形图的比例尺精度是指 _____。

2. 地物符号包括 _____、_____、_____ 和 _____。

3. _____ 称为等高线，等高线中 _____ 称为首曲线，_____ 称为计曲线，

_____称为间曲线。等高距是指_____，等高线平距是指_____，_____称为地面两点之间的坡度。

4．地形图上确定两点之间水平距离和方位角的直接量取法是指_____，坐标反算法是指_____。

5．地形图上量算面积可采用_____、_____和_____法。

二、练习题

1．1：1 000 和 1：2 000 地形图的比例尺精度分别为_____和_____，如果要求地形图上能反映出 10cm 的地物宽度，测图比例尺至少应为_____。

2．试在图 7-27 所示 1：1 000 地形图中，完成以下练习：

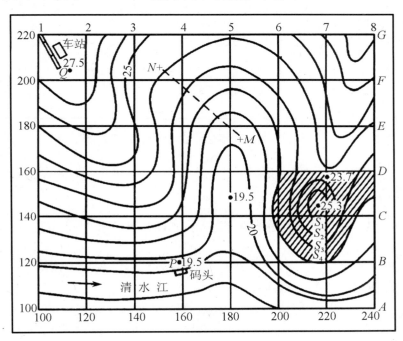

图7-27　第2题附图

（1）量得 M, N 两点的坐标分别为 $x_M=$_____，$y_M=$_____；$x_N=$_____，$y_N=$_____。按解析法算得 $M\sim N$ 之间的水平距离 $D_{MN}=$_____，方位角 α_{MN}_____（再用图解法进行校核）。

（2）内插得 M, N 两点的高程分别为 $H_M=$_____，$H_N=$_____，计算得 $M\sim N$ 的地面坡度为_____。

（3）试从图上 P 点出发，选定一条坡度为 +8% 至车站 Q 的最佳路线。

（4）绘制 D_1（$x=160$，$y=100$）$\sim D_8$（$x=160$，$y=240$）方向的纵断面图。

（5）将直线 $D_1\sim D_8$ 与高程为 22m 的等高线所包围的地区（图中阴影部分），按填方与挖方平衡的要求，进行场地平整设计，并计算其土方量。

提示：本小题可按任务四介绍的场地平整土方计算第二种方法，分别量算各条等高线与直线 $D_1 \sim D_8$ 所围成的面积，分层计算有关体积，再通过累加计算总的体积，填方量和挖方量则各占总体积的一半。

表7-6　场地平整土方计算表

等高线高程	面积 / m²	高差 h/m	体积/m³		备注
			挖方	填方	
累加 / m³					

3．已知 1：1 000 地形图上量算得一多边形面积为 256.78cm²，可知该多边形的实地面积为_____m²，合_____亩。

三、思考题

1．地形图按成图方式的不同分为哪几种？地形图和平面图的区别在哪里？地形图含有哪些数字信息和地表形态？

2．什么是"地形图图式"？地形图图式包含哪些内容？

3．等高线有哪些特性？什么是地性线？地性线及山头、谷地、鞍部等地貌在地形图上如何表示？

4．简述大比例尺地形图测绘的原理。什么是地形特征点？测定地形特征点的常用方法是什么？经纬仪测绘法测绘地形图在一个测站上应做哪些工作？可用哪些方法来检查地形图测绘的质量？

5．大比例尺地形图一般如何进行分幅和编号？地形图的图廓、坐标格网和注记有何作用？

6．地形图应用中，什么是解析法？什么是图解法？哪一种精度更好？为什么？

7．什么是纵断面图？和地形图相比较，纵断面图有何优点？绘制纵断面图时为何要将纵向比例尺较横向比例尺放大 10～20 倍？

8．利用地形图进行整治水平场地的设计时，何为零线？如何计算零线高程？各桩点的挖深或填高如何计算？其土方量的计算有哪两种方法？

9．以工程实践，说明地形图在设计和施工中的作用。

项目八　施工测量的基本工作

任务目标

　　了解工程施工测设、变形监测、竣工测量的内容和特点，掌握施工测量的基本方法，能够使用普通测量仪器或全站仪，进行一般工程的施工放样。

情景导入

　　某建筑工程公司在修建一条省会间的高速公路，其中，施工道路上有 A, B, C, D, E 五点，间距均为 25m，现在已知 A 点的地面高程为 H_A =21.364m，设计高程为 H_A设 =21.500m，欲向 E 点测设一条 i=-1%的坡度线，问 B, C, D, E 4 点的设计高程各是多少？用水准仪以水平视线法测设时，已知后视 A 桩点的标尺读数 a 为 1.458m，前视各桩点的标尺读数分别为 bB =1.623m，bC =2.584m，bD =1.369m，bE =2.257m。问包括 A 点在内的 5 个桩点应上填或下挖的高度各为多少？

任务一　基本测设

　　工程施工阶段所进行的测量工作称为施工测量。施工测量和地形测量一样，也应遵循程序上"由整体到局部"，步骤上"先控制后碎部"，精度上"由高级至低级"的基本原则，即必须先进行总体的施工控制测量，再以此为依据进行建筑物主轴线和细部的施工放样；二者的主要区别在于地形测量是将地面上地物和地貌的空间位置和几何形状测绘到图纸上，而施工测量则相反，是将图纸上设计建筑物的空间位置和几何形状测设到地面上。除施工控制测量、建筑物的放样外，施工测量一般还包括建筑物结构构件和设备的安装测量、在整个施工阶段和日后的运营阶段为确保建筑物的安全施工和运营必不可少的沉降、位移、倾斜等变形监测，以及施工完成后绘制竣工总平面图等的竣工测量。

　　由于各种工程中建筑物和构筑物的种类繁多，形式不同，因此施工测量的内容丰富，特点各异。如工业企业根据其规模大小，常以建筑方格网或建筑基线作为施工控制，而一般的城市建设和道路施工，则以导线测量或新型的 GPS 网建立施工控制；一般的建筑物放样侧重于特征点的平面位置和高程的标定，道路放样偏重于曲线的测设，而矿山、地铁等工程的施工测量则着重于隧洞的贯通等。然而尽管如此，施工测量所依据的原理、使用的仪器及常用的方法和一般的测量工作基本上都是相同的。如使用的仪器仍是水准仪、经纬仪和全站仪，常用的方法仍是导线测量、极坐标测量和交会测量，施工放样的实质仍是确定点的空间位置，其测量要素仍是角度、距离和高差等，只不过在放样时，确定点的空间位置及其测量要素由测定改为测设，即在实地通过测设角度、距离或高差将建筑物特征点的位置测放出来。

施工测量的精度也应遵循"从高级至低级"的原则，即先建立高精度的控制网，再以此为基础进行一般精度的施工放样。但有些工程放样时要求的相对精度高于绝对精度，如大型建筑的构件吊装和设备安装，其细部放样的精度甚至高于控制网的精度；而有些工程的施工测量在不同方向上的精度要求也有所不同，如桥梁施工中对纵向精度要求较高，以保证钢梁的成功吊装，而隧道施工中则对横向精度有更高的要求，以保证隧洞的准确贯通。

施工测量依据的控制网一般属于统一的测量或地方坐标系，而待测设的建筑物特征点往往属于自身的建筑或设计坐标系，事先必须将它们化为同一坐标系的坐标，才能进行放样数据的计算，否则将导致放样错误。

施工放样是工程施工的指导和依据，放样之后大规模的岩土开挖或钢筋混凝土浇筑将随之展开，放样稍有不慎，将给工程质量造成大的危害甚至严重损失。因此测设数据的反复校核，放样作业的高度认真，以及严格执行规范的精度要求，是保证施工放样准确无误和后续工程顺利实施的前提，必须高度重视。

施工测量不仅贯穿于施工作业的始终，有些放样工作如道路路基的放样、高层建筑的高程和平面位置的投测等将反复进行，事前应编制完善的组织计划，以利执行；受施工场地条件和建筑材料堆放等的影响，测量工作会受到种种干扰和限制，应在作业中与施工人员密切配合，既保护好测量标志和测设点位，又保证作业仪器、人员的安全和放样工作的顺利进行。

施工测量的实质就是依据测量控制点，将设计建筑物特征点的空间位置在实地测设出来，而点位的测设一般需要通过角度、距离或高程的测设得以实现。因此水平角测设、距离测设和高程（包括坡度）的测设为施工测量中的基本测设。

一、水平角测设

水平角测设就是将设计所需的角度在实地标定出来。此时，一般首先需要有一已知边作为起始方向，然后使用经纬仪（或全站仪）在实地标出角度的终边方向。

（一）经纬仪测设水平角

如图 8-1（a）所示，要求自控制点 O，A 起始，测设 $\angle AOB=\beta$（已知角值），常用的方法为盘左、盘右取平均法。即在 O 点安置经纬仪，盘左，照准 A 点，置水平度盘读数为 $0°00'00''$，然后转动照准部，使水平度盘读数为角值 β，即可在其视线方向上标定 B' 点；倒转望远镜成盘右，照准 A 点，读其平盘读数为 α，再转动照准部，使水平度盘读数为 $\alpha+\beta$，又可在其视线方向上标定 B'' 点。由于仪器和测量误差的影响，B'，B'' 两点一般不重合，取其中点 B，$\angle AOB$ 即为所需的 β 角。

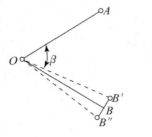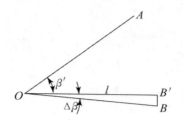

（a）盘左、盘右取平均法　　　（b）单测角度改正法

图8-1　水平角测设的两种方法

经纬仪测设水平角还可以采用另一种单测角度改正法。即先用盘左测设出 B' 点，作为概略方向，如图 8-1（b）所示，然后按测回法测量 $\angle AOB'$（测回数视精度要求而定），并计算较差 $\Delta\beta'' = \beta - \angle AOB'$，与此同时用钢尺丈量 OB' 之长度 l，得改正数 δ：

$$\delta = l\frac{\Delta\beta''}{\rho''} \tag{8-1}$$

式中 $\rho'' = 206\ 265''$。

若 δ 为正，说明 $\angle AOB'$ 偏小，沿 OB' 之垂线方向顺时针量取 δ 定出 B 点；反之，逆时针量取 δ 定出 B 点，$\angle AOB$ 即为经过改正的水平角。

一般后一种方法的精度优于前一种方法。

（二）全站仪测设水平角

全站仪测设水平角的方法和经纬仪测设法相同。在已知 O 点安置全站仪，首先使仪器照准后视 A 点（即零方向），将平盘读数置零，然后转动照准部使其显示水平角为设计角值 β，在此方向上竖立标钎（或棱镜杆），标定出 B 点，$\angle AOB$ 即为设计角度 β。可以测设 2~3 次，取其平均位置，以便使测设结果更为可靠。

全站仪测设水平角还可采用另一种方法，即使其进入放样测量模式，输入所需测设的角值 β，并自零方向始，在大致等于 β 角度的方向上竖立棱镜杆于 B' 点，在照准后视使平盘置零后，转动照准部照准棱镜杆，屏幕即可显示 B' 点所在方向与所需测设的水平角之差 $\Delta\beta$，然后根据该显示差值 $\Delta\beta$ 沿与 OB' 相垂直的方向向左或向右移动棱镜杆，直至显示差值为零，即可标定测设水平角的所在位置（图 8-2）。

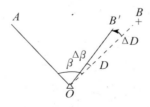

图8-2　全站仪测设水平角和水平距离

二、水平距离测设

水平距离测设就是将设计所需的长度在实地标定出来。一般需要从一已知点出发，沿指定方向量出已知距离，从而标定出该距离的另一端点。量距既可用钢尺也可以用全站仪。

（一）钢尺量距测设水平距离

如图 8-3（a）所示，设 A 为已知点，需在地面 AB 方向上，将设计的水平距离 D 测设出来。其方法是将钢尺的零点对准 A 点，沿 AB 方向拉平钢尺，在尺上读数恰好为 D 处插下测钎或吊垂球，定出 B′ 点，再重复测设 2～3 次，取其平均位置 B 点，即得 A～B 为测设距离。

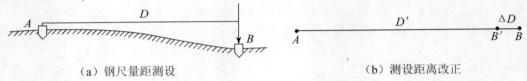

（a）钢尺量距测设　　　　　　　　　　　　（b）测设距离改正

图8-3　钢尺量距测设水平距离

若测设距离的精度要求较高，应对钢尺丈量的距离按精密量距的要求，施加尺长、温度和倾斜改正，再将改正后的距离 D′ 与所需测设的水平距离 D 进行比较，得较差 $\Delta D = D' - D$。若 ΔD 为正，说明丈量距离长于所需距离，应沿 AB 向内平移 ΔD；反之，应沿 AB 向外平移 ΔD，以对测设距离加以改正，如图 8-3（b）所示。

（二）全站仪测距测设水平距离

如图 8-2 所示，在已知 O 点安置全站仪，使其进入放样测量模式，输入所需测设的水平距离，在 OB 方向上大致为设计水平距离 D 处，竖立棱镜杆，屏幕即可显示棱镜所在位置与所需测设距离之差ΔD，然后根据该显示差值沿 OB 方向向内或向外移动棱镜杆，直至显示差值为零，即可标定测设距离的所在位置。

三、高程测设

高程测设就是将设计所需的高程在实地标定出来。一般采用的仍是水准测量的方法。

（一）视线高程测设法

如图 8-4 所示，为测设 B 点的设计高程 H_B，安置水准仪，以水准点 A 为后视，由其标尺读数 a，得视线高程 $H_1 = H_A + a$，则前视 B 点标尺的读数应为 $b = H_1 - H_B$，然后在 B 点木桩侧面上下移动标尺，直至水准仪视线在尺上截取的读数恰好等于 b，在木桩侧面沿尺底画一横线，即为 B 点设计高程 H_B 的位置。若此时 B 点标尺的读数与前视应有读数 b 相差较大时，应实测该木桩顶的高程，然后计算桩顶高程与设计高程 H_B 的差值（若差值为负，相当于桩顶应上填的高度；反之相当于桩顶应下挖的深度），在木桩上加以标注说明。

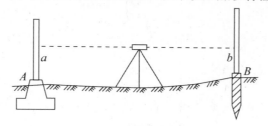

图8-4　高程测设

（二）上下高程传递法

在需要测设建筑物上部的标高，或测设基坑底部的标高时，就需要进行上下高程的传递。高程传递一般是使用两架水准仪，再借助吊挂的钢尺，在上下部同时进行水准测量。图 8-5（a）所示为将地面水准点 A 的高程传递到基坑底面的临时水准点 B 上。在坑边的支架上悬挂经过检定的钢尺，零点在下端，尺端挂有 10kg 重锤，为减少摆动，将重锤放入盛有废油或水的桶内。在地面和坑内同时安置水准仪，分别对 A，B 两点上的标尺和钢尺读取读数 a_1，b_1，a_2，b_2，则 B 点高程为：

$$H_B = H_A + a_1 - b_1 - b_2 \qquad (8-2)$$

H_B 测定后，即可再以 B 为后视点，测设坑底其他待测高程点的设计高程。

图 8-5（b）所示为将地面水准点 A 的高程传递到高层建筑物的各层楼板上，方法与上述相似，但可在吊挂钢尺长度允许的范围内，同时测定不同层面临时水准点的标高。其第 i 层临时水准点 B_i 的高程为：

$$H_{Bi} = H_A + a - b_i + c_i - d \qquad (8-3)$$

H_{Bi} 测定后，即可再以 B_i 为后视点，测设该层楼面上其他待测高程点的设计高程。

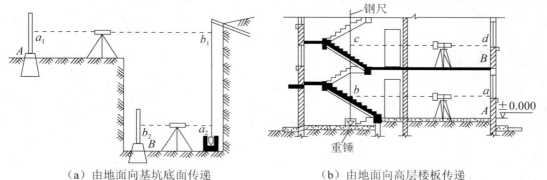

（a）由地面向基坑底面传递　　　　　　（b）由地面向高层楼板传递

图8-5　高程传递

四、坡度测设

在道路、管线等工程中，往往需要测设路面或管道底部的设计坡度线。若设计坡度不大，可采用水准仪水平视线法；若设计坡度较大，可采用经纬仪倾斜视线法。

（一）水平视线法

如图 8-6 所示，A 为设计坡度线的起始点，其设计高程为 H_A，欲向前测设设计坡度为 i 的坡度线。自 A 点起，每隔一定距离 d（如取 $d=10m$）打一木桩。在 A 点附近安置水准仪，读取 A 点标尺读数 a，然后依次在各木桩（桩号 $j=1$，2，$3\cdots$）立尺，使各点自水准仪水平视线向下的读数分别为 $b_j=a-j\cdot d\cdot i$（注意：设计坡度 i 本身有正或负号），在木桩侧面沿标尺底部标注红线，即为设计坡度线的所在位置。各桩红线位置的设计高程分别为：

$$H_j = H_A + j\cdot d\cdot i \qquad\qquad (8\text{-}4)$$

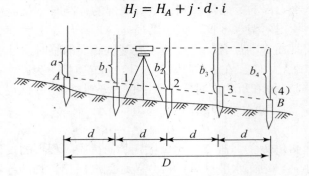

图8-6　水平视线测设坡度线

（二）倾斜视线法

如图 8-7 所示，由 A 向 B 点测设设计坡度为 i 的坡度线。首先分别按设计坡度 i 在 A，B 两点上测设出设计高程 H_A 和 H_B（$H_B = H_A + D_{AB}\cdot i$，$D_{AB}$ 为 A，B 的水平距离）的所在位置。在 A 点安置经纬仪，量取仪器高 l，然后使仪器的一个脚螺旋位于 AB 的方向上，另两个脚螺旋的连线大致与该方向相垂直。在 B 点立尺，转动经纬仪在 AB 方向上的脚螺旋，使 B 点标尺的读数正好等于仪器高 l，此时经纬仪的视线即与设计坡度线相平行。依次在各木桩（桩号 $j=l$，2，$3\cdots$，间距均为 d）立尺，使各点自经纬仪倾斜视线向下的读数均为仪器高 l，在木桩侧面沿标尺底部标注红线，即为设计坡度线的所在位置。各桩红线位置的设计高程仍见式（8-4）。

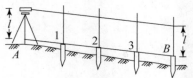

图8-7　倾斜视线测设坡度线

任务二 点位测设

点位测设包括其三维坐标的测设，而高程测设已如任务一所述，本任务主要介绍测设点的平面位置的常用方法，以及测设点位的检核和测设点位时需要考虑的不同坐标系统的坐标转换。

一、点位测设的常用方法

（一）直角坐标法

前已述及，建筑物及其相关位置比较规则的工业企业，常以方格网或建筑基线作为施工控制，适于用直角坐标法进行建筑物特征点的测设。

如图 8-8 所示，A，B，C，D 为某施工方格网或建筑基线内相邻的角点，其坐标均已知，而 1，2，3，4 为某车间的特征点，其设计坐标也已知。以测设 1 点为例，首先计算 1 点相对 B 点的纵、横坐标增量 Δx_{B1}，Δy_{B1}：

$$\left.\begin{array}{l}\Delta x_{B1} = x_1 - x_B \\ \Delta y_{B1} = y_1 - y_B\end{array}\right\} \tag{8-5}$$

然后在 B 点安置经纬仪，照准 C 点，沿 BC 方向丈量 Δy_{B1} 定出 E 点；再在 E 点安置经纬仪，作 BC 之垂线，沿该垂线方向丈量 Δx_{B1}，即可测设出 1 点的位置。为保证测设的精度，距离应往返丈量，角度（即垂线方向）应用盘左、盘右取平均。

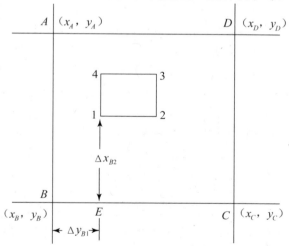

图8-8 直角坐标法测设点位

（二）交会法

在不宜到达的场地适于用交会法进行点位的测设。常用的交会法为角度交会，使用测距仪或全站仪也可采用距离交会。

1. 角度交会

图 8-9 所示为水上建筑施工中的点位测设。由于水上作业不宜到达，因此采用角度交会法。首先计算交会角。根据控制点 A，B，C 的坐标和水上建筑 P 点的设计坐标，通过坐标反算得方位角 α_{AP}，α_{BP} 和 α_{CP}，再由控制点之间的已知方位角 α_{AB}，α_{BC}（及其反方位角 α_{BA}，α_{CB}）和方位角 α_{AP}，α_{BP} 和 α_{CP} 计算待测设的交会角值：

$$\alpha_1 = \alpha_{AB} - \alpha_{AP}, \quad \beta_1 = \alpha_{BP} - \alpha_{BA}, \quad \alpha_2 = \alpha_{BC} - \alpha_{BP}, \quad \beta_2 = \alpha_{CP} - \alpha_{CB}$$

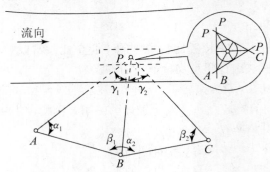

图8-9 角度交会法测设点位

然后，即可在岸上控制点 A，B，C 同时安置经纬仪，分别测设交会角 α_1，β_1（或 α_2 和 β_2），从而在水上建筑施工面板上分别得到三条指向 P 点的方向线。该三条方向线理应交于一点，但由于测量误差，一般会交出一个小三角形，称为误差三角形。如果该三角形的边长不大于 4cm，内切圆半径不大于 1cm，则取内切圆的圆心作为 P 点的测设位置。在进行角度测设时，为了消除仪器的误差，均应采用盘左、盘右取平均的方法，而在拟定测设方案时，应注意使交会角 γ_1，γ_2 不得小于 30° 或大于 120°。

2. 距离交会

如图 8-10 所示，先根据控制点 A，B，C 的坐标和 P 点的设计坐标计算待测设的交会距离：

$$D_{AP} = \sqrt{\Delta x_{AP}^2 + \Delta y_{AP}^2}, \quad D_{BP} = \sqrt{\Delta x_{BP}^2 + \Delta y_{BP}^2}, \quad D_{CP} = \sqrt{\Delta x_{CP}^2 + \Delta y_{CP}^2}$$

然后，即可在控制点 A，B，C 同时安置测距仪或全站仪，在施工面板上安置反射棱镜，分别测设距离 D_{AP}，D_{BP} 和 D_{CP}，交出误差三角形，同样取其内切圆的圆心即为 P 点的测设点位。

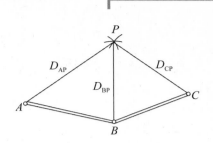

图8-10　距离交会法测设点位

（三）极坐标法

极坐标法就是测设一个水平角和一条水平距离即确定一个点位。由于控制网的形式可以灵活布置，测设的方法又比较简单，所以对一般施工场地的点位测设均适用。

如图 8-11 所示，以控制点 A 为测站、控制点 B 为后视，测设建筑物的特征点 P。同样首先根据控制点坐标和 P 点的设计坐标，反算方位角，再计算测设的水平角和水平距离，依据的公式为：

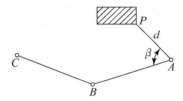

图8-11　极坐标法测设点位

$$\left.\begin{aligned}
\alpha_{AB} &= \arctan\frac{y_B - y_A}{x_B - x_A} \\
\alpha_{AP} &= \arctan\frac{y_P - y_A}{x_P - x_A}
\end{aligned}\right\}$$

$$\beta = \alpha_{AP} - \alpha_{AB} \tag{8-6}$$

$$d = \sqrt{(x_P - x_A)^2 + (y_P - y_A)^2}$$

然后在 A 点安置经纬仪，以 B 点为零方向，测设水平角 β，定出 P 点的方向，再沿 AP 方向线测设水平距离 d，即可定出 P 的点位。

需要注意的是在测设水平角 β 时，总是先将后视零方向的平盘读数配置为 $0°00'00''$，然后再转动照准部使读数等于 β，由于水平度盘的读数为顺时针刻划，所以 β 角总是自零方向起，顺时针转向待测点位方向的角度，即其计算总是 $β=\alpha_{AP}-\alpha_{AB}$，如算得的 β 角为负值，则应加上 360°。

（四）全站仪坐标法

在已知 A 点安置全站仪，使其进入放样测量模式，输入测站的三维坐标、仪器距离后视点的坐标（或测站至后视点的方位角），同时输入待测设点的三维坐标及棱镜杆的高度（即目标高），全站仪会自动计算测设点位所需的水平角、水平距离和高差值，然后在待测设点的大致位置竖立棱镜杆，即可按全站仪测设水平角和水平距离的方法自动测设所需的水平角和水平距离，从而定出待定点的平面位置。屏幕上同时还显示棱镜杆的底端与待测设点设计高程之差值，从而据此在点位的木桩上标注出测设点设计高程的位置。

全站仪坐标法测设点位还可以采用自由设站的方法，即在待测设点的附近设站，首先测量测站与至少两个控制点之间的夹角、边长和高差，根据控制点的三维坐标，自动解算出测站点的三维坐标，作为临时控制点。然后再根据输入的待测设点的三维坐标，自动进行点位平面位置和高程的测设。

全站仪坐标法测设点位平面位置的原理仍是极坐标法，测设点位的高程亦是传统的三角高程测量法，但利用全站仪自动、高效的优点，可使点位平面位置和高程的测设更加科学、快速和精确。采用自由设站的方法，可使点位的测设适应施工场地的特点，更加灵活、方便。

二、点位测设的检核

为了保证点位测设的可靠性，除在测设前，应对测设数据反复校核而外，测设时，也应对测设的点位予以现场检核。检核的方法有绝对点位检核和相对点位检核。

（一）绝对点位检核

绝对点位检核就是对已经测设的点位，依据不同的控制点，重新计算测设数据，并进行现场测设，以便对原已测设的点位进行检核。

如 8-11 所示，为检核 P 点测设的结果，可以控制点 B 为测站（前提是与 P 点通视）、控制点 C 为后视，根据控制点坐标和 P 点的设计坐标，重新计算测设数据 β_2 和 d_2，并在现场重新测放出 P 的点位。根据两次测设点位之差，即可对原有测设点位进行检核。

在使用交会法测设点位时（参见图 8-9 和图 8-10），实际上测设两个角度（或距离）已可交会出点位，而测设三个角度（或距离）其实质也是为了对测设结果进行绝对点位检核。

（二）相对点位检核

相对点位检核就是根据现场测设点位构成的几何图形，用钢尺和经纬仪测量邻点间的边长及邻边间的水平角，看其是否与几何图形边长和内角的设计值相吻合。如图 8-8 所示，车间 4 个特征点为墙体主轴线的交点，显然构成矩形，其间的边长依据设计坐标反算可得，而 4 个内角均应为直角。用经纬仪分别安置在测设的 4 个交点上，检测四内角与 90° 之差；再用钢尺分别丈量 4 条边长，测得各边长与设计值之差，同样可对原有测设点位进行检核。

三、不同坐标系统的坐标转换

测设数据的计算在点位测设中具有举足轻重的作用，而依据控制点坐标和待测点坐标计算测设数据的前提是控制点坐标和待测点坐标必须属于同一坐标系统。常有的情况是控制点坐标由统一的测量系统测定，属于地方（或测量）坐标系，而待测点的坐标在建筑设计总图上确定，属于建筑（或设计）坐标系，这时就有必要首先进行坐标换算，将待测点的设计坐标化为测量坐标，方能用于依据控制点进行的点位测设。

如图 8-12 所示，$AO'B$ 为建筑坐标系，设待测点 P 在其中的设计坐标为 A_P，B_P；XOY 为地方坐标系，待测点 P 在其中的测量坐标应为 x_P，y_P。又知建筑坐标系的原点 O' 在地方坐标系中的坐标为 $x_{O'}$，$y_{O'}$（相当于建筑坐标系原点相对于地方坐标系原点的平移值），建筑坐标系之纵坐标轴在地方坐标系中的方位角为 α（相当于建筑坐标系纵轴相对于地方坐标系纵轴的旋转角），则将待测点 P 的设计坐标化为测量坐标的换算公式为：

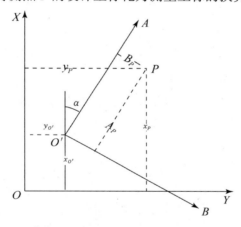

图8-12　不同坐标系的坐标转换

$$\left.\begin{aligned} x_P &= x_{O'} + A_P \cos\alpha - B_P \sin\alpha \\ y_P &= y_{O'} + A_P \sin\alpha - B_P \cos\alpha \end{aligned}\right\} \tag{8-7}$$

为检核转换结果的正确性，可反过来再将算得的 P 点的测量坐标化为设计坐标，其换算公式为：

$$\left.\begin{aligned} A_P &= （x_P - x_{O'}）\cos\alpha + （y_P - y_{O'}）\sin\alpha \\ B_P &= -（x_P - x_{O'}）\sin\alpha + （y_P - y_{O'}）\cos\alpha \end{aligned}\right\} \tag{8-8}$$

式（8-7）和式（8-8）中的 $x_{O'}$，$y_{O'}$ 和 α 一般可在建筑物的总平面图或相关设计资料中查取。

任务三 变形监测

大型建筑物或构筑物在其施工过程以至竣工之后，由于荷载的加重和外界条件的不断变化，总会产生沉降、位移、倾斜等变形，如果这种沉降不均匀，或变形量超过了一定的限度，就将给建筑物或构筑物的质量和安全带来大的影响，因此，在其整个施工过程以至运营之后，都应当十分重视变形监测工作。变形监测不仅是保证施工质量和安全的重要手段，而且其成果也是验证设计理论正确性的重要依据。

一、变形监测网的布设

变形监测网一般可分三级布设。

（一）首级基准网

由变形监测的基准点组成。基准点一般埋设于施工区外或不受变形影响的稳固基岩、坚实地物上，应稳定可靠、长期保存。一个施工区域的基准网至少应设有 2～3 个基准点，构成闭合路线，精确测定它们的平面坐标或高程，以作为整个工程或施工区变形监测的依据。

（二）二级工作网

由每次观测时的工作点（直接作为位移观测的设站点，或作为沉降观测的始、终点）组成。工作点一般埋设于离观测点较近、地基比较稳定的地方，构成依附于基准点的闭合或附合路线，定期由基准点检测它们的坐标或高程。

（三）三级观测网

由变形观测点组成。观测点一般布置于建筑物或构筑物最能反映其变形特征的地方。如沉降观测点布置于建筑物四周的屋角、变形缝两侧、承重墙、柱子的基础处以及地质条件不良的位置（图 8-13），位移观测点一般沿建筑物的基础或基坑支护圈梁布置，有时为监测施工区邻近建筑物受影响的变形情况，也可将观测点设置于邻近建筑物的墙基或上部。观测点应采用专用标志。沉降观测点可埋设于基础面上，如图 8-14（a）所示，亦可埋设于墙根部位，如图 8-14（b）所示；而位移观测点可在建筑物上部设定照准标牌，如图 8-15（a）所示，或在建筑物基础上埋设强制对中装置，如图 8-15（b）所示，用于观测时安置标牌，以尽量减小目标的对中误差。每次观测时，以工作网的工作点为依据，直接测量观测点的平面坐标或高程的变化。

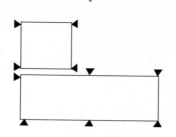

图8-13　沉降观测点的布置

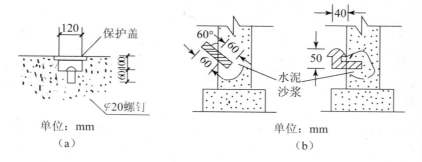

图8-14　沉降观测点的埋设

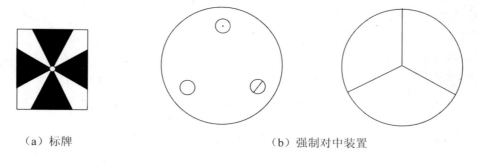

（a）标牌　　　　　　　　　　　　　　（b）强制对中装置

图8-15　位移观测时的照准设备

二、变形监测的内容和方法

建筑物或构筑物的变形监测主要包括沉降、位移、倾斜观测等内容。

（一）沉降观测

沉降观测就是通过测定观测点的高程变化，来反映建筑物的沉降状态及其沉降规律，使用的方法主要就是精密水准测量。每次观测时一般应首先依据基准点检测工作点的高程，然后从工作点出发，将附近建筑物的沉降观测点尽可能连成较小的水准环线，测定它们的高程（图 8-16）。一般高层建筑或大型构筑物的沉降观测都应使用精密水准仪，按国家二等

197

水准测量的技术要求执行。

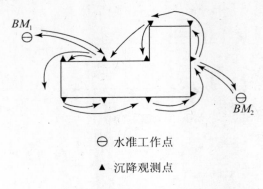

⊖ 水准工作点

▲ 沉降观测点

图8-16　沉降观测的水准环线

（二）位移观测

位移观测就是通过测定观测点坐标的变化，来反映建筑物平面位置的移动状态和规律。在依据基准点定期检测工作点坐标的基础上，每次观测在工作点上设站，一般使用精密经纬仪或全站仪进行极坐标测量或交会测量，即可精确测定观测点坐标的变化量。

若仅需测定建筑物沿某特定方向上的位移，如高层建筑的基础或上部指向邻近开挖基坑中心的位移、水工建筑沿水压力方向的位移等，可在精确测定设站点至观测点水平距离的基础上，每次仅测量观测点方向水平角的变化值$\Delta\beta''$（视线与位移方向大致垂直），通过计算得到特定方向的位移值。

如图 8-17 所示，平距 AM 事先测定，则位移量MM'为：

$$MM' = AM \times \frac{\Delta\beta''}{206\ 265''}$$

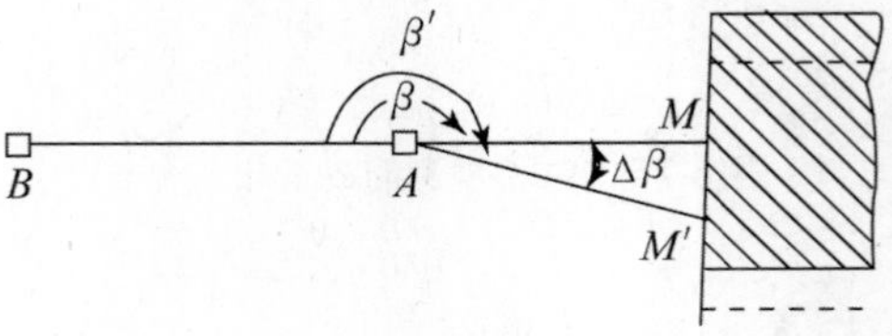

图8-17　通过测定角度变化求位移

观测特定方向位移的另一种方法是"基准线法"，即在与建筑物主轴线平行或垂直于上述方向的两端稳定处，布设基准点或工作点。其上最好砌筑观测墩（图 8-18），埋设强制对中装置，如图 8-15（b）所示。观测时，一端安置仪器，另一端安置照准标牌，从而建立一条基准线，定期测定观测点至基准线垂直距离d_i的变化，或观测点 P 方向与基准线方向之间小角度β_i的变化（图 8-19），即可直接得到或计算得到该特定方向的位移量。

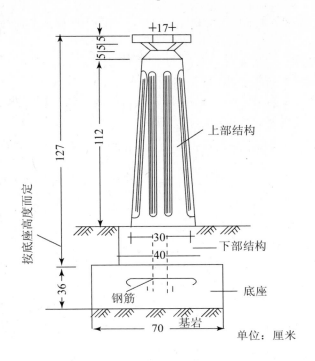

图8-18　观测墩

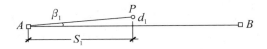

图8-19　基准线法测定位移

　　一般高层建筑或大型构筑物的位移观测,其测定位移的中误差应小于容许位移量的 $\frac{1}{10} \sim \frac{1}{20}$,如果观测同时还带有分析变形规律的目的,则其对观测精度的要求应更为严格。

（三）倾斜观测

　　倾斜观测就是通过测定建筑物倾斜度的变化,来反映建筑物竖向的倾斜状态和规律。

　　测定建筑物倾斜的常用方法是通过在建筑物顶部悬吊垂球,或使用经纬仪进行投影,直接测量上部与下部之间的偏差值。如图 8-20（a）所示,设 A , B 为高层建筑同一竖直线上之上、下两点,高度差 h 一般已知（若 h 未知,可在离建筑物 $1.5h$ 以上距离处设置经纬仪,量取仪器到建筑物的距离,采用三角高程测量的方法予以测定）,根据 A 点相对 B 点的偏差值 α ,即可计算建筑物的倾斜度 i :

$$i = \tan \alpha = \frac{a}{h}$$
（8-9）

　　烟囱、水塔等高大的圆形建筑,应用经纬仪在互相垂直的两个方向分别测其上、下部

的偏差值 a_1 和 a_2，如图 8-20（b）所示，从而算得顶部中心相对底部中心的偏差值为：

$$a = \sqrt{a_1^2 + a_2^2} \qquad\qquad (8-10)$$

当投影不便，或偏差值的观测精度要求较高时，也可采用测量水平角的方法。如图 8-21 所示，在互相垂直的两个方向上离烟囱距离均为 50～100m 处选定两个测站，同时选定两个远方通视良好的固定点作为后视方向，在烟囱上分别固定标志点 1，2，3，4 和 5，6，7，8，然后用经纬仪在测站 1 测量水平角（1），（2），（3），（4），计算"半和角"$\frac{(2)+(3)}{2}$ 及 $\frac{(1)+(4)}{2}$，两者之差即为烟囱上部中心和底部中心的方向差。由此，再根据测站 1 至烟囱中心的距离，

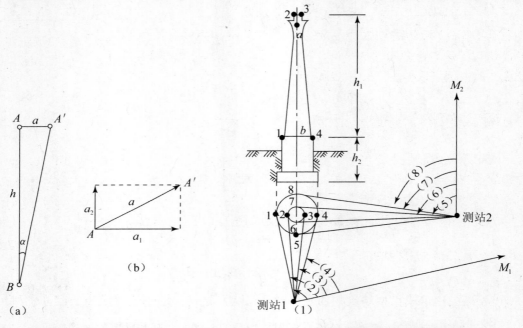

图8-20　建筑物的倾斜度　　　　　　　图8-21　测量水平角推算偏差值

即可计算出烟囱该方向的上、下偏差值 a_1。同理，在测站 2 上观测水平角（5），（6），（7），（8），计算可得烟囱在另一方向的上、下偏差值 a_2，再按式（8-10），即可得烟囱顶部中心相对底部中心的偏差值 a。

高层建筑倾斜测量的中误差一般也应小于容许位移量的 $\frac{1}{20}$。

三、变形监测的周期

变形监测的周期是指邻期观测所间隔的时间。一般应在基坑开挖测定坑底回弹时，或土建浇筑至建筑物的"±0"时，开始第一次观测。随着荷重的增加，如施工每增高一层，或安装屋架及大型设备时，均应进行观测。此外，周期的长短，还取决于施工期间变形量

的大小和速率，以及变形的状况。沉降观测的周期与沉降量的关系见表8-1。

表8-1 沉降观测周期与沉降量关系

月沉降量/mm	观测周期
>15	10～20 天
10～15	20～30 天
5～10	1～2 个月
3～5	2～5 个月
1～3	6～12 个月

施工期间，如遇暴风骤雨、场地滑坡，或有异常变形情况出现，应及时增加监测。此外，在竣工后即使变形已趋向稳定，仍然需要定期观测其竣工后及运营期间的变形，只不过观测的周期可以加长。

四、变形监测的成果

变形监测的成果主要包括各观测周期变形量及变形速率（即日均变形量）的计算，填写每期监测报表，以便即时对变形加以控制；至监测后期，将各观测点变形资料汇总，并绘制相应的曲线图表示变形量和时间及荷载量的关系等，以便对被测建筑物（构筑物）变形的状态和规律加以分析。下面以沉降观测为例，作简要介绍。

（一）沉降观测报表

每次观测的原始记录和平差计算检查无误后，应根据本次测量高程、上次测量高程及首次测量高程，分别计算各观测点的本期沉降量和累计沉降量，及相应的沉降速率：

本期沉降量=本次测量高程－上次测量高程；

累计沉降量=本次测量高程－首次测量高程；

本期沉降速率=本期沉降量÷本期天数；

累计沉降速率=累计沉降量÷累计天数。

然后根据计算结果填写每期沉降报表（表 8-2）。

表8-2　沉降观测报表 　　　　　　　　　　　　第4期

工程名称_____　　监测单位_____　　制表_____　　　校核_____　　　日期_____

观测次数		第1次	上（4）次	本（5）次	邻期		累计	
观测日期		2004.07.04	2004.08.12	2004.08.24	沉降量 /mm	沉降速率/ mm·d^{-1}	沉降量 /mm	沉降速率/ mm·d^{-1}
施工进展		±0	浇至4层	浇至5层				
楼号	点号	初始 H/m	上次 H/m	本次 H/m				
1	101	22.598 6	22.591 1	22.589 0	2.1	0.18	9.6	0.19
	102	22.620 8	22.612 9	22.610 4	2.5	0.21	10.4	0.21
	103	22.610 5	22.602 6	22.600 3	2.3	0.19	10.2	0.20
	…	…	…	…	…	…	…	…
2	201	22.608 4	22.603 5	22.600 9	2.6	0.22	7.5	0.19
	202	22.622 5	22.617 2	22.614 3	2.9	0.24	8.2	0.20
	203	22.615 8	22.610 6	22.607 9	2.7	0.22	7.9	0.20
	…	…	…	…	…	…	…	…

（二）沉降观测成果表

将各观测点每期所得的本期沉降量、累计沉降量及相应的沉降速率等汇总编制成表。

（三）沉降曲线图

根据沉降观测成果表的数据，绘制相应的沉降曲线图（图8-22）。曲线图一般以横轴表示时间（T），纵轴的上方表示根据施工进展（如层高）推算的荷重（P），纵轴的下方表示每期观测的沉降量（S）。将每个观测点的沉降量连成一根沉降曲线，而在同一张曲线图上可以绘出多个观测点（尤其是同一座建筑物或构筑物）的沉降曲线，既反映每个观测点的沉降和时间及荷载量等的关系，又比较不同观测点之间沉降的差异，由此即可对整个建筑物（构筑物）沉降的状态和规律加以分析。

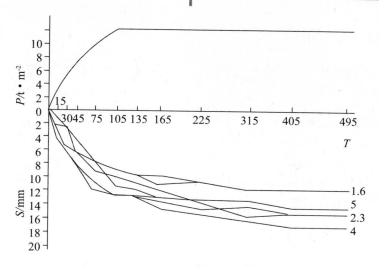

图8-22 沉降—荷重—时间曲线图

任务四 竣工测量

工程竣工验收阶段，为了检验工程是否按照设计图纸施工，或施工中对设计进行了哪些变更，同时为工程运营后的管理、维护或改建、扩建提供依据，有必要进行竣工测量。

竣工测量的主要任务是绘制建筑区竣工后的主体工程及其附属设施的总平面图，简称竣工总平面图。

一、竣工总平面图的内容

（1）测量控制点（包括平面控制点、高程控制点、建筑场地主轴线点、建筑红线桩点）的坐标或高程。

（2）建筑物、构筑物地上、地下轴线交点的坐标、高程、几何尺寸、面积、层高等。

（3）建筑区内外联系铁路、公路，区内道路与桥、涵的轴线、曲线及其主点的平面位置和高程。

（4）建筑区的电源、水源、气源、热源和室内外，地上下及架空的各种管线（如电缆、电讯、供热、供气、供水、排污）及其附属设施（如污水池、化粪池、窨井）的位置、高程、坡度、管径、管材等。

（5）仓库、货栈、码头、围墙的位置和高程。

（6）建筑区的环境工程（如绿化带、园林、植被的位置、几何尺寸、高程等）。

（7）建筑区内外的其他地物和等高线及其他地貌特征。

对于施工内容多的大型建筑区，其竣工总平面图可以分类表示，如分别绘制竣工道路系统图、竣工管线系统图、竣工给排水系统图等。

二、竣工总平面图的绘制

竣工总平面图一般采用室内编绘和实地测绘相结合的方法绘制。

（一）室内编绘的内容

（1）严格按设计图纸施工的建筑物或构筑物；根据设计的坐标、高程和几何尺寸编绘。

（2）根据经过审批的设计变更资料进行施工的按设计变更资料编绘。

（3）相关地物（包括已经埋入地下成隐蔽管线、设施等地物）按设计的位置、高程施工的，根据设计图纸编绘等。

（二）实地测绘的内容

（1）无设计坐标而在现场根据相关位置进行施工的地物。

（2）无审批资料而在现场根据需要变更设计施工的地物。

（3）施工放样的位置、高程或几何尺寸与设计图纸出入较大的地物。

（4）设计资料不全或施工放样资料缺失的地物。

（5）现场形状与设计图纸不相符合的地物及其相互关系等。

为了顺利进行竣工测量和竣工总平面图的编绘，自工程施工伊始，即应认真保留所有设计资料、放样资料、变更说明、变形监测报表及各分项工程施工完毕后的竣工测量和检查验收资料等，尤其是即将埋入地下、水下的桩基、管线等隐蔽工程，必须在其施工完成后、回填开始前，即时对其进行分项竣工测量，以免造成整体工程验收时的资料缺失。

竣工总平面图的室内编绘部分可以设计总平面图作为参照绘制，实地测绘部分则按局部地区大比例尺地形图的测绘方法进行测绘。比例尺一般根据区域的范围大小和地物的详细程度，在 1∶2 000、1∶1 000 或 1∶500 中进行选择。

在绘制竣工总平面图的同时，还应对有些资料，如测量控制点及主要细部点的平面坐标和高程，重要建筑物、构筑物的施工放样数据等，编制成表，作为竣工资料，一并提交。

项目小结

（1）施工测量是将图纸上设计建筑物的空间位置和几何形状测设到地面上。除施工放样而外，施工测量一般还包括安装测量、变形监测及竣工测量。施工测量和地形测量一样，也应遵循程序上"由整体到局部"，步骤上"先控制后碎部"，精度上"由高级至低级"的基本原则。

（2）施工测量中的基本测设为水平角测设、距离测设和高程（包括坡度）的测设。

（3）测设点位的常用方法包括直角坐标法、交会法、极坐标法和全站仪坐标法，测设点位时需要考虑建筑坐标系和测量坐标系的坐标转换。

（4）变形监测网的布设一般由一级基准点、二级工作点和三级观测点组成，变形监测主要包括建筑物（构筑物）施工期间或运营期间的沉降观测、位移观测和倾斜观测等。

（5）竣工测量的主要任务是绘制建筑区竣工后的主体工程及其附属设施的总平面图，竣工总平面图一般采用室内编绘和实地测绘相结合的方法绘制。

课后训练

一、填空题

1．施工放样的实质是_____，其测量要素仍是_____、_____和_____等，只不过在放样时，确定点的空间位置及其测量要素由_____改为_____。施工测量同样应遵循_____的基本原则。

2．施工测量中的基本测设是指_____、_____和_____。

3．点位测设的常用方法有_____，适用于_____；_____，适用于_____；_____，适用于_____；使用全站仪测设点位，可采用_____。

4．如果建筑物的设计坐标和控制点的测量坐标不一致，必须进行_____，即将_____化为_____。

5．施工中的变形监测是_____的重要手段，其成果也是_____的重要依据，主要包括_____、_____和_____等内容。

6．竣工测量的目的是检验_____，同时为_____或_____提供依据，其主要任务是_____。

二、练习题

1．已知水准点 A 的高程为 24.678m，拟测设的 B 点设计高程为 24.800m，在 A，B 之间安置水准仪，读得 A 点上的后视读数为 1.422m，问 B 点上标尺读数应为多少才能使其尺底位于该点的设计高程？

2．测设水平角 $\angle AOB$ 后，用经纬仪精确测其角值为 $90°00'48''$，已知 OB 长为 120m，问 B 点在垂直于 OB 方向上应向内或向外移动多少距离，才能使 $\angle AOB$ 改正为 $90°00'00'$（$\rho''=206\,265''$）？

3．已知 A 点坐标 $x_A=285.684$m，$y_A=162.345$m，$A\sim B$ 的方位角 $\alpha_{AB}=296°44'30''$，又知 P_1，P_2 两点的设计坐标分别为 $x_1=198.324$m，$y_1=86.425$m；$x_2=198.324$m，$y_2=238.265$m，以 A 点为测站，B 点为后视方向，按极坐标法测设 A，B 两点，试分别计算测设数据 $\angle B_{A1}$，D_{A1} 和 $\angle B_{A2}$，D_{A2}。

4．自测站 O 对某大楼进行倾斜观测。已知 O 点至大楼的平距为 120m，仪器高 $i=1.502$m，测得楼顶右端 B 点的竖直角为 $+16°28'45''$，又测得楼底右端 A 点和楼顶右端 B 点之间的水平角 $\angle AOB=0°02'52''$，求该大楼的倾斜度等于多少？

三、思考题

1．施工测量与地形图测绘有何相同点和不同点？

2．施工放样时，何为绝对精度，何为相对精度，为什么有些工程放样时要求的相对精度高于绝对精度，为什么有些工程的施工测量在不同方向上的精度要求有所不同？举例说明。

3．施工测量中的基本测设有哪几种，如何进行？点位测设的常用方法有哪几种？如何进行？

4．点位测设时的绝对点位检核和相对点位检核各有何作用？如何进行？

5．举例说明你所熟悉的工程施工中，采用的是哪一些点位测设方法和点位检核方法，采用这些方法的理由是什么？

6．施工变形监测点一般分哪几种类型，如何布设？沉降观测、位移观测和倾斜观测可分别采用哪些常用方法？变形监测的精度要求一般如何确定？

7．竣工总平面图包括哪些内容？如何绘制？哪些可在室内编绘，哪些必须到实地测绘？

参考文献

[1] 孔祥元，梅是义. 控制测量学（下册）[M]. 2 版. 武汉：武汉大学出版社，2002.

[2] 王侬，过静珺. 现代普通测量学[M]. 2 版. 北京：清华大学出版社，2009.

[3] 林文介，文鸿雁，程朋根. 测绘工程学[M]. 广州：华南理工大学出版社，2003.

[4] 魏静，王德利. 建筑工程测量[M]. 北京：机械工业出版社，2004.

[5] 杨正尧，程曼华，陆国胜. 测量学实验与习题[M]. 武汉：武汉大学出版社，2001.

[6] 徐绍铨，张华海，杨志强，等. GPS 测量原理及应用[M]. 3 版. 武汉：武汉大学出版社，2008.

[7] 中国有色金属工业总公司. 工程测量规范（GB50026—93）. 北京：中国计划出版社，2001.